BestMasters

Timon Zeder

Ein Beitrag zur probabilistischen Nachweisführung von bestehenden Tragwerken mit NLFEM und UQ-Lab

Nachrechnung einer bestehenden Straßenbrücke in Stahlverbundbauweise

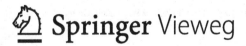 Springer Vieweg

Timon Zeder
Willisau, Schweiz

ISSN 2625-3577   ISSN 2625-3615 (electronic)
BestMasters
ISBN 978-3-658-42184-7   ISBN 978-3-658-42185-4 (eBook)
https://doi.org/10.1007/978-3-658-42185-4

Die Deutsche Nationalbibliothek verzeichnet diese Publikation in der Deutschen Nationalbibliografie; detaillierte bibliografische Daten sind im Internet über http://dnb.d-nb.de abrufbar.

Planung/Lektorat: Carina Reibold
Springer Vieweg ist ein Imprint der eingetragenen Gesellschaft Springer Fachmedien Wiesbaden GmbH und ist ein Teil von Springer Nature.
Die Anschrift der Gesellschaft ist: Abraham-Lincoln-Str. 46, 65189 Wiesbaden, Germany

Das Papier dieses Produkts ist recyclebar.

Vorwort und Dank

Die vorliegende Thesis ist im Rahmen des Masterstudiums im Bauingenieurwesen der dritte und finale Teil von insgesamt drei Arbeiten.
In der vorliegenden Master-Thesis werden die probabilistischen Grundlagen, welche im ersten Teil ausführlich erarbeitet worden sind und im zweiten Vertiefungsmodul an einfachen Beispielen anhand der Deformationsmethode angewendet wurden, auf ein Bauwerk angewendet. In diesem Fall wurde eine Strassenbrücke in Deutschland probabilistisch untersucht. Diese wurde in der Finite-Element-Software *Abaqus* modelliert. Es wurden verschiedene Modelle (linear und nicht-linear) betrachtet.
Dabei wurde erneut das Tool «UQLab» der ETH Zürich verwendet, womit die FE-Software *Abaqus* durch die Schnittstelle UQLink in Matlab verknüpft wurde. Dies wurde anhand einer bestehenden Strassenbrücke angewendet und bildet der grosse Hauptteil dieser Arbeit.
Im ersten Teil der Arbeit wird erneut die schwimmend gelagerte Brücke aus dem VMII genauer betrachtet und in SeismoStruct modelliert und anschliessend mit der Deformationsmethode und UQLab Zuverlässigkeitsanalysen durchgeführt.
Als Ergänzung und Erweiterung des theoretischen Hintergrundes wurden die MSE-Module *Stochastic Modelling* (FTP_StochMod) und *Risk Management* (CM_QRM) besucht.

Ich möchte mich an dieser Stelle ein letztes Mal Herzlich bei Prof. Dr. Michael Baur für die Betreuung in diesem finalen Semester des Masterstudienganges bedanken. Zahlreiche hilfreiche Inputs bezüglich FE-Modellierung, spezifisch in der Software Abaqus, waren ein wichtiger Schritt in Richtung Ziel.
Auch durfte ich wiederum auf eine grosse Zusammenstellung

an Fachliteratur, welche durch Herrn Baur bereitgestellt wurde, zurückgreifen.

Dem externen Experten der EPFL-Lausanne, Prof. Dr. Pierino Lestuzzi, möchte ich für die Durchsicht dieser Arbeit ebenfalls meinen Dank aussprechen.

Einen grossen Dank geht an meine Freundin Alina Bossert, einerseits für die Durchsicht der Arbeit, andererseits für die grosse Unterstützung während des gesamten Semesters, sowie an meinen Arbeitgeber Martin Heller, Heller Plan AG, für sie sehr flexiblen Arbeitsbedingungen und die spannenden fachlichen Gespräche.

Zusätzliche Dankesworte

Ein riesiges Dankeschön geht an die beiden Professoren Prof. Dr. Bruno Sudret und Prof. Dr. Stefano Marelli vom Chair of Risk and Safety der ETH Zürich (IBK). Sie haben die Software UQLab praxistauglich entwickelt und mir den Besuch zweier Vorlesungen ermöglicht, welche im Zusammenhang mit der grundlegenden Zuverlässigkeitstheorie sehr weitergeholfen hat. Ausserdem konnte ich bei allfälligen fragen immer auf den Chair of Risk and Safety zurückgreifen und bekam prompt ein sehr brauchbares Feedback. Gerade in Anwendung mit der Verlinkung der Finite-Element-Programme war dies eine grosse Hilfe.

Vielen Herzlichen Dank! Das Tool UQLab wird sicherlich in der Praxis, gerade bei Bestandsbauten, zunehmend an Bedeutung gewinnen.

Willisau, im Juli 2022   Timon Zeder

«Das Gefährliche am Risiko ist nicht das Risiko selbst, sondern wie man mit ihm umgeht.»

Felix M. Gerg (*1981, Produktmanagementexperte und Berater für Innovation, Qualität und Risiko)

Kurzfassung

Es ist eine grosse Problematik im ganzen europäischen Strassennetz: Tausende Brücken erreichen die ursprünglich geplante Nutzungsdauer in den nächsten Jahren und entsprechen den Normanforderungen nicht mehr. Ausserdem ist die Tragfähigkeit solcher wichtigen Infrastruktur-Bauwerke keine konstante Grösse, sondern sie nimmt mit der Zeit wegen mehreren Gründen ab. Auf der anderen Seite steigt das Verkehrsaufkommen und der Anteil des Schwerverkehrs. Deshalb kann sich eine vertiefte probabilistische Untersuchung lohnen und damit grosse Kosten infolge unnötiger Verstärkungsmassnahmen gespart werden. Dabei sind diverse Parameter auf der Widerstands- und Einwirkungsseite zu berücksichtigen. So müssen die Baustoffe oder die Verkehrslasten realitätsnah und aufgrund Messungen oder Aktualisierungen bestimmt werden.

In der vorliegenden Master-Thesis wird eine bestehende Brücke, welche gemäss Prüfbericht auf Stufe 1 diversen statischen Anforderungen nicht mehr genügt, in einem nicht-linearen FE-Programm modelliert und mit der Matlab-basierten Software UQLab (*UQLink*) verknüpft. Dadurch können streuende Basisvariablen auf Einwirkungs- und Widerstandseite in das Modell eingefügt werden und es sind Aussagen über die Zuverlässigkeit und Restnutzungsdauer möglich. Dies erfolgt mit der Definition einer Grenzzustandsfunktion (Biegeversagen, Schubversagen, …). Somit kann das Bauwerk mit der Leiteinwirkung (in diesem Fall der Strassenverkehr) stochastisch sehr realitätsnah modelliert werden. Es wurde dabei ein bimodales Verkehrsmodell aufgrund von bestehenden Messungen angewendet und somit der tatsächliche Verkehr realitätsnah abgebildet. Mit der Schnittstelle *UQLink* kann die FE-Software aus Matlab ausgeführt werden und es kann mit verschiedenen Sampling-Verfahren wie dem *LHS* gearbeitet werden. Dies liefert bereits bei einer geringen Anzahl Simulationen sehr gute Resultate. In dieser Arbeit wurde nun eine sogenannte Third-Party-Software einbezogen, es wird also ein externes Programm von Matlab ausgeführt und in die UQLab-Region eingebunden. Mit *Surrogate Models*, sogenannte repräsentative Modelle wie das Verfahren *Polynominal Chaos Expansion* (PCE), kann eine Annäherung auf die Modellantwort erstellt werden. Daraus sind wieder die herkömmlichen probabilistischen Analysen wie FORM, SORM, etc. möglich. Mit dem gewonnenen Zuverlässigkeitsindex eines Grenzzustandes sind Aussagen zu Restnutzungsdauer und expliziten Verstärkungsmassnahmen möglich. Der Ziel-Zuverlässigkeitsindex kann einerseits aus der Literatur, oder als wirtschaftliches Optimierungsproblem durch Einbezug von Initial-, Erhaltungs-, und Versagenskosten gewonnen werden. Mit den gewonnen angepassten Teilsicherheitsbeiwerten aus der FORM-Analyse kann ein Bauwerk dann wieder semi-probabilistisch, und damit mit gewöhnlichen FE-Programmen berechnet werden. Schliesslich wurde auch der Einfluss einer möglichen Verstärkungsmassnahme in Form eine Ultra-Hochleistungs-Faserbeton berechnet und diskutiert.

Auch wurde eine schwimmend gelagerte Brücke unter Erdbebeneinwirkung untersucht. Dabei wurde die Deformationsmethode für eine erste FE-Modellierung verwendet. Für die genaue Bestimmung der Push-Over-Kurve wurde die Software *SeismoStruct* verwendet. Danach kann die Push-Over-Kurve in das in Excel programmierte AD-RS-Spektrum überführt werden und somit Aussagen über die erforderliche Duktilität gemacht werden. Rückgeführt kann damit wieder die Versagenswahrscheinlichkeit bestimmt werden.
Es werden im Rahmen dieser Arbeit also bestehende Brückenbauwerke infolge verschiedener Einwirkungen auf ihre Zuverlässigkeit und Restnutzung untersucht. Dabei wird das grosse

Potential von probabilistischen Nachweismethoden für bestehende Bauwerke mit Benutzung von FE-Softwares und dem Tool UQLab aufgezeigt.

Es wurde im Rahmen dieser Thesis ein Verfahren entwickelt, dass auf bestehende Brücken in der Praxis angewendet werden kann und ein Tragwerk sehr realitätsnah abgebildet werden kann.

Dementsprechend gross sind die Reserven, welche man aktivieren kann. Dies auf Einwirkungs- und Widerstandsseite.

Abstract

It is a big problem in all over Europe's network of roads: Thousands of highways- and road bridges are going to reach the original lifetime expectancy in the upcoming few years and do not fulfill the requirements of the Swiss Codes anymore. Furthermore, the bearing capacity of such important infrastructure constructions is not constant over the lifetime, it decreases because of many reasons. As well the traffic, especially the heavy goods vehicle traffic, has been increasing over the last years. Because of this facts, probabilistic assessments are a possibility for a real contemplation of the bridges to safe millions of retrofitting costs. Applying these methods, a lot of parameters on effect- and resistance-side have to be taken into account. Building material properties or traffic loads must be modelled with realistic, measured-based values.

In this presented Master Thesis, an existing bridge, which could not fulfill several static requirements on stage 1 (Deterministic calculation) is modelled in a non-linear FE-Software and related to the Matlab-based Software UQLab (UQLink). With this connection, stochastic input parameters on effect- and resistance-side can be modelled and inserted into the FE-Software and statements about reliability and rest lifetime can be made. This is executed with the definition of an Ultimate-Limit-State-Function (Bending-failure, shear-failure, ...).

With this, the construction can be modelled stochastically with the main effect (in this case traffic loads) which shows the real behavior very well. A bimodal traffic model based on existing measurements was implemented and applied to represent the real traffic on the affected bridge.

The interface UQLink can execute the FE-Software Abaqus in the Matlab region and it can be managed with different sampling strategies like LHS. This brings up very accurate results with only a few numbers of simulations of the FE-Model. In this Thesis, this was done with a so called Third Party-Software where a real existing bridge was modelled. However, an external FE-Program was executed from Matlab. With Surrogate Models like PCE, a model can be approximated with high accuracy and the model response can be represented very well. Based on this, the Reliability Analyses like FORM, SORM are possible again. With the calculated reliability index of a limit state, statements about the rest lifetime and explicit strength methods are possible. Furthermore, a sensitivity analysis can figure out the parameters with the highest influence on the failure. The target-reliability index can be determined from literature or by economic optimization with including initial-, maintenance- and failure-costs. With the adapted partial safety factors of the FORM-Analysis, a construction can be dimensioned or recalculated with the semi-probabilistic design concept and usual FE-Software can be used with this. Finally, the influence of a reinforcement method in form of a UHPC was calculated and discussed.

As well, a three-span bridge under earthquake load was examined. For this fictive example, the direct stiffness method was linked with UQLab, and different types of reliability and sensitivity analyses were calculated. For the exact determination of the Push-Over-Curve, the software *SeismoStruct* was used. In a second step, the curve can be inserted into the Acceleration-Displacement-Response-Spectrum (AD-RS) and a statement about the required ductility can be made. However, the probability of failure and the reliability of different failure modes can be calculated, and the risk can be determined.
To sum up, existing buildings were examined on their probability-based performance and the huge potential of probabilistic design with use of FE-Software and the tool UQLab is shown in this thesis.

In The process, a concept which can be applied on existing bridges in practical engineering was developed. To that effect, the reserves that can be activated on effect- and resistance side are huge.

Inhaltsverzeichnis

Anhang 226

1 Einleitung

1.1 Problemstellung

Probabilistische Methoden der Bauwerksüberprüfung gewinnen mehr und mehr an Bedeutung. Dies besonders bei wichtigen Infrastruktur-Bauwerken wie Strassenbrücken. Zahlreiche Brücken in der Schweiz und in ganz Europa wurden mehrheitlich zwischen den 1960er und 1980er Jahre erbaut und haben in absehbarer Zeit die damals geplante Nutzungsdauer erreicht und müssen nachgerechnet werden.
Ausserdem haben sich die Normen und auch das Verkehrsaufkommen verändert, der Schwerlastanteil nimmt stetig zu. In Deutschland entsprechen zum Beispiel nur gerade 5.5% aller Strassenbrücken den aktuellen Normen. Die Bauwerkserhaltung hat gerade in der heutigen Zeit einen sehr grossen Stellenwert. Von den über 2000 Milliarden der schweizerischen Bausubstanz fallen ca. 2% als jährliche Unterhaltskosten auf [1]. Die Ausgabekosten für den Unterhalt sollen minimiert werden, während dem man alternde Brücken noch immer nützen möchte. Hier kommen probabilistische Bemessungskonzepte zum Zuge. Dies beinhaltet das statistische Modellieren von Einwirkung und Widerstand aufgrund vor Ort vorgenommener Messungen und Auswertungen. Daraus wird eine deterministische Grenzzustandsfunktion aufgestellt, woraus die Versagenswahrscheinlichkeit und der Zuverlässigkeitsindex bestimmt wird. Auch sind Serie- oder Parallelsysteme möglich, diese sind zu berücksichtigen für die Bestimmung einer Gesamtzuverlässigkeit. Der vorhandene Zuverlässigkeitsindex wird dann mit dem von den Normen oder aus wirtschaftlichen Gründen erforderliche Index verglichen wird. Dieser beinhaltet Versagensfolgen und Massnahmeneffizienz.

© Der/die Autor(en), exklusiv lizenziert an
Springer Fachmedien Wiesbaden GmbH, ein Teil von Springer Nature 2023
T. Zeder, *Ein Beitrag zur probabilistischen Nachweisführung von bestehenden Tragwerken mit NLFEM und UQ-Lab*, BestMasters,
https://doi.org/10.1007/978-3-658-42185-4_1

Während die Anforderungen und Lasten auf die Brückenbau-werke immer grösser werden, steigt auch die Leistung de zu Verfügung stehenden Softwares. Mit nichtlinearen Finite-Ele-ment-Programmen ist eine sehr realitätsnahe Abbildung eines Bauwerkes möglich. Im Rahmen dieser Arbeit wurde eine be-stehende Strassenbrücke im FE-Programm *Abaqus* modelliert. Darauf wurde die Software mit dem Tool UQLab (UQLink) [2] verknüpft. Es wurden also streuende Parameter auf der Widerstands- und Einwirkungsseite definiert und so diverse Simulationen des FE-Modells ausgeführt. Mit der Definition einer Grenzzustandsfunktion (Z.B. Biegewiderstand, Begren-zung der Fliessspannung der Bewehrung oder Querkraftwi-derstand) sind Aussagen über die Versagenswahrscheinlich-keit und Zuverlässigkeit möglich. Dieses Verfahren wird im Rahmen dieser Arbeit an einem konkreten baupraktischen Beispiel aufgezeigt. Die Verknüpfung von UQLab mit einer sogenannten Third-Party-Software kennt kaum Grenzen und hat sehr grosses Potential, innert kurzer Zeit aussagekräftige Resultate bezüglich der Zuverlässigkeit zu erhalten.

Die Erhaltungsnorm SIA 269 lässt solche probabilistischen Verfahren zu, wo im Gegensatz zum semi-probabilistischen Nachweiskonzept, welches in der Norm 261 vorherrscht, Mit-telwerte und Standardabweichungen der jeweiligen Basisvari-ablen eingesetzt werden. Auch die Teilsicherheitsbeiwerte der Norm SIA 261 haben einen probabilistischen Hintergrund

(FORM-Methode). Mit der probabilistischen Bemessung sollen klare Aussagen zur Sicherheit und Restnutzungsdauer gemacht werden können.

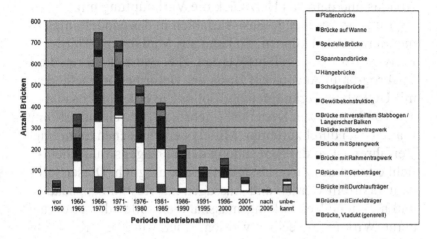

Abbildung 1. Anzahl der Brücken mit Baujahr aus dem ASTRA-Bericht Nr. 623 [1].

1.2 Zielsetzung

Das grosse primäre Ziel der Masterthesis ist die Vereinigung und Anwendung der Grundlagen aus den ersten beiden Vertiefungsarbeiten. Im VM1 wurden die theoretischen Grundlagen der probabilistischen Bemessung erläutert und an einfachen Beispielen und analytischen Grenzzustandsfunktionen angewendet. Im VM2 wurde dies erweitert, indem ein einfacher FE-Code in Matlab programmiert und mit UQLab verknüpft wurde. Dies bot die Grundlage für die Verknüpfung mit Finite-Element-Programmen. Bereits wurde die in dieser Thesis vertieft behandelte Strassenbrücke vorgestellt, Lastfälle ermittelt und erste Modelle in Abaqus erstellt.

Das Hauptziel der Master-Thesis ist in erster Linie die exakte und realitätsnahe Modellierung einer Strassenbrücke in Abaqus und dann als Herzstück die Verknüpfung mit UQLink, wo streuende Basisvariablen in das Modell implementiert werden können. So kann aus Matlab eine Third-Party-Software ausgeführt werden. Ziel war es konkret, das FE-Programm Abaqus auf Basis der Deformationsmethode mit UQLab zu verknüpfen und somit Zuverlässigkeitsanalysen von komplexen Systemen (mehrfach statisch unbestimmt, Platten, ...) durchzuführen. Mittels verschiedenen Sampling-Verfahren ist so die Berechnung der Versagenswahrscheinlichkeit und des Zuverlässigkeitsindex möglich. Dieser soll dann beurteilt werden und Aussagen zur Restnutzungsdauer und mögliche Verstärkungsmassnahmen sollen diskutiert und deren Wirkung berechnet werden. Auch wurde ein Konzept für die probabilistische Bemessung entwickelt, in dem mit Hilfe von Surrogate Models ein FE-Modell angenähert werden kann. Mit den probabilistischen Methoden sind ausserdem angepasste und reduzierte Teilsicherheitsbeiwerte berechenbar.

Ausserdem soll ein realitätsnahes Verkehrsmodell entwickelt und implementiert werden, da der Normverkehr gerade bei bestehenden Bauwerken mit einer gewissen Restnutzungsdauer zu konservativ ist.

Die Normenreihe SIA 269, der JCSS und der Eurocode 1 dienen dabei als Grundlage auf Einwirkungs- und Widerstandseite. Diese sollen möglichst realitätsnah abgebildet werden. Wiederum ist es nicht das Ziel, gross auf mathematische Herleitungen oder Programmiercodes einzugehen, sondern diese wiederum sinnvoll und gezielt auf die Baupraxis anzuwenden.

Natürlich ist dabei ein gewisser theoretischer Hintergrund, sowie gewisse Programmierkenntnisse, in diesem Fall mit Matlab, notwendig. Die Grundlagen aus den ersten beiden Vertiefungsmodulen, sowie dem Besuch weiterer Vorlesungen und Eigenrecherche boten eine hervorragende Basis für die Zuverlässigkeitsanalysen von bestehenden Tragwerken mit Finiten Elementen. Grosses Ziel ist weiter, dass man das in dieser Thesis erarbeitet Vorgehen auf bestehende infrastrukturell wichtige Bauwerke (Als Beispiele seien hier Brücken, Kunstbauten oder Hochhäuser genannt) in der Praxis anwenden kann, wo die deterministischen und semi-probabilistischen Nachweise keine oder nur ungenügend zielführenden Aussagen liefern.

Auch wurde ein fiktives Beispiel einer schwimmend gelagerten Brücke, welche bereits im VM II untersucht wurde, vertieft betrachtet. Mit dem Programm SeismoStruct wurden PushOver-Analysen durchgeführt, diese dann in das selbst programmiertes AD-RS-Format übertragen (Acceleration-Displacement-Response-Spectra). Daraus wurde die Zielverschiebung und die notwendige Duktilität ermittelt und aufgrund der einwirkenden Erdbebenkraft (*base-shear*) mit der Verknüpfung von UQLab und der Deformationsmethode die Versagenswahrscheinlichkeit, Zuverlässigkeit und Sensitivität berechnet. Dies war ein weiteres Hauptziel.

1.3 Übersicht

Grundsätzlich soll neben den neuen Erkenntnissen in der Master-Thesis die gewonnene und angewandte Theorie aus den beiden Vertiefungsmodulen kurz aufgeführt werden, da diese essenziell für die ganze Master-Thesis ist.

In **Kapitel 2** wird generell auf Bauwerke im Bestand und deren Anforderungen eingegangen. Dabei wird hier das schematische Vorgehen der probabilistischen Methode aufgezeigt. Es wird kurz und prägnant die verformungsbasierte Tragwerksanalyse und das damit verbundene AD-RS-Format auf Basis der Norm SIA 269/8 vorgestellt.

In **Kapitel 3** werden die Grundlagen der Zuverlässigkeitstheorie, welche ausführlich im VM1 aufgezeigt wurden zusammenfassend dargestellt. Dabei werden nur die für diese Thesis und das Bauingenieurwesen relevante Verfahren aufgezeigt. Der Bezug zur Baupraxis, explizit auf Brückenbauwerke, wird dann in **Kapitel 4** hergestellt. Es werden verschiedene Modellierungsmöglichkeiten von Basisvariablen auf Einwirkungs- und Widerstandsseite auf Basis des JCSS aufgezeigt und diskutiert.

In **Kapitel 5** wird die Finite-Element-Modellierung auf Basis der Deformationsmethode mit dem dazugehörigen Lösungsalgorithmus vorgestellt. Auch werden die beiden Verlinkungen UQLab-Deformationsmethode und UQLab-Abaqus aufgezeigt. Die Workflows sind im Anhang ersichtlich. Dieser Teil wurde aus Vollständigkeit und Verständlichkeit implementiert, da er die Grundlage für sämtliche Stochastischen Finite-Element-Methoden bildet.

Kapitel 6 ist der erste grosse Anwendungsteil. Dort wird die schwimmend gelagerte Brücke aus dem VM2 vertieft betrachtet und die verformungsbasierten Verfahren angewendet. Daraus wurde ebenfalls Zuverlässigkeitsanalysen durchgeführt.

Das Herzstück der Master-Thesis bildet **Kapitel 7**. Dort wird die bereits im VM2 vorgestellte Strassenbrücke aus Sandhofen-Mannheim (GER) probabilistisch nachgerechnet. Es wurde ein FE-Modell mit nichtlinearem Materialverhalten erstellt, dieses wird ausführlich beschrieben und diskutiert.

Dann wurde das FE-Modell mit UQLink verknüpft und zahlreiche Zuverlässigkeitsanalysen anhand verschiedener Grenzzustände durchgeführt. Schliesslich sind die Zuverlässigkeit und Versagenswahrscheinlichkeiten der untersuchten Grenzzustände (Ultimate Limit State) von Interesse, woraus schliesslich Aussagen zu Restnutzungsdauer und Verstärkungsmassnahmen gemacht werden. Auch wird eine mögliche Verstärkungsmassnahme diskutiert. Der ganze Prozess und die Erkenntnisse werden darauf in **Kapitel 8** diskutiert.

1.4   Abgrenzung

Im Rahmen dieser Master-Thesis steht ein baupraktisches Anwendungsbeispiel bezogen auf das Bauingenieurwesen im Vordergrund. Die Master-Thesis soll die beiden ersten Vertiefungsmodule verschmelzen, die theoretischen Grundlagen der Wahrscheinlichkeitstheorie, sowie die zahlreichen Zuverlässigkeitsmethoden (FORM, MCS, LHS) werden im Rahmen dieser Arbeit nicht detailliert erläutert, aber dennoch kurz aufgezeigt. Ein gewisses Verständnis der Wahrscheinlichkeitslehre wird vorausgesetzt. Es ist zu erwähnen, dass es zahlreiche verschieden Verfahren für die Bestimmung eines Zuverlässigkeitsindex oder einer Versagenswahrscheinlichkeit gibt. Dabei sollen die in der Baupraxis üblichen Methoden verwendet werden und Modelle stets auf Plausibilität überprüft werden. Der Code der Deformationsmethode ist für linear-elastische Stabmodelle beliebig anwendbar. Für nichtlineare Materialstoffgesetze wurde die Software *Abaqus* verwendet. Das Anwendungsgebiet dieser Software, auch in Zusammenhang mit UQLink, ist quasi grenzenlos. Im Rahmen dieser Arbeit stehen baupraktische Grenzzustandsfunktion wie Biegung, Querkraft, oder Ermüdung im Fokus.

Abgrenzung

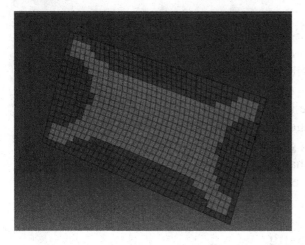

Abbildung 2. Fliessgelenkmechanismus einer Stahl-Beton-Platte mit der Software *Abaqus*.

2 Bauwerke im Bestand

Zahlreiche Bauwerke wie Brücken müssen in den kommenden Jahren aufgrund des Nutzungsalter, infolge des zunehmenden Schädigungsgrad und den steigenden Verkehrslasten überprüft werden.

In diesem Kapitel werden die relevanten Erkenntnisse der Erhaltungsnorm SIA 269 und weiterer Literaturquellen kurz und prägnant aufgeführt.

2.1 Stand der Norm SIA 269

Die SIA 269 ist das Pendant zum *JCSS* [3]. Die Grundlagen, welche in diesem Kapitel aufgeführt sind, stammen dabei einerseits direkt aus der Norm SIA 269 [4], andererseits aus dem Skriptum von Prof. Dr. Albin Kenel [5] und aus Schneider [6].

In den **Kapiteln 2.3.6 / 4.6 der SIA 260** ist aufgeführt, dass **probabilistische Nachweise** angebracht sein können, bei:

- Bei besonders hohem oder besonders tiefem Erkenntnisstand über das Tragwerk und seinen Zustand
- Bei grossen Konsequenzen eines Tragwerkversagens
- Um die Effizienz von Überwachungs- und Instandhaltungsstrategien zu beurteilen
- Für grundsätzliche Entscheide über einen ganzen Tragwerksbestand

Die Norm SIA 269 besagt, dass für aktualisierte Verteilungen der Basisvariablen die Tragsicherheit mit den Methoden der Zuverlässigkeitstheorie nachgewiesen werden können (5.3). Auch gibt sie Informationen bezüglich der Verhältnismässigkeit von sicherheitsbezogenen Erhaltungsmassnahmen. Die

Massnahmeneffizienz wird mit dem Koeffizienten EF_M beurteilt [5]:

$$EF_M = \frac{\Delta R_M}{SC_M}$$ (2.1) SIA 269, Gl. 8

Dabei bezeichnet ΔR_M die Risikoreduktion infolge Erhaltungsmassnahmen (jährlicher monetärer Wert über Restnutzungsdauer), SC_M steht für die Sicherheitskosten. Für die Diskontierung kann ein Zinssatz von 2% angesetzt werden.

2.1.1 Anforderung an die Tragsicherheit

In der Norm SIA 269 wird die Anforderung an die Tragsicherheit durch den Zielwert des Zuverlässigkeitsindexes oder durch das jeweilige Individualrisiko festgelegt [4]. Dabei ist der Zielwert des Zuverlässigkeitsindex β_0 abhängig von den Konsequenzen eines Tragwerksversagen. Als Abschätzung wird der Koeffizient ρ eingeführt:

$$\rho = \frac{c_F}{c_w}$$ (2.2) SIA 269, Gl. (9).

Wobei **C_F alle direkten Kosten beim Versagen und C_W die Kosten zur Wiederherstellung des Tragwerks definieren.** Die Zielwerte des **Zuverlässigkeitsindex β_0** sind in der untenstehenden Tabelle aufgelistet. Wenn keine Effizienz von überprüfbaren Massnahmen in der Phase der Überprüfung bestimmt werden kann, ist **$EF_M = 1$** zu verwenden.

Massnahmeneffizienz, gem. SIA 269, 5.4	Konsequenzen eines Tragwerksversagens gemäss Gleichung 9, SIA 269		
	Gering $\rho < 2$	Moderat $2 < \rho < 5$	Gross $5 < \rho < 10$
Klein: EF_M	3.1	3.3	3.7
Mittel: $0.5 \leq EF_M \leq 2.0$	3.7	4.2	4.4
Gross: EF_M	4.2	4.4	4.7

Tabelle 1. Zielwerte des Zuverlässigkeitsindex mit Referenzperiode von einem Jahr [7].

Somit ist es trotz den Verschärfungen der Normen oder Nutzungsänderungen möglich, dass ein Bauteil die Anforderungen der aktuell geltenden Normen nicht vollständig erfüllt. Wenn der Erfüllungsfaktor *n* **kleiner als 1,0** ist besteht gemäss Norm SIA 269 [7] die Möglichkeit, dennoch eine genügend grosse Sicherheit zu erreichen, wenn der Zuverlässigkeitsindex β genügend hoch ist und dementsprechend die Versagenswahrscheinlichkeit klein. Mit Probebelastungen oder vergangenen Belastungssituationen kann gezeigt werden, dass ein Bauteil eine bestimmte Zuverlässigkeit erfüllt. Dabei darf das Individualrisiko nie ausser Acht gelassen werden.

2.1.2 Bestimmung der Überprüfungswerte

Werden aktualisierte Wahrscheinlichkeitsverteilungen (i.d.R. mittels Aktualisierung nach Bayes) verwendet, dürfen Überprüfungswerte nach dem semi-probabilistischen Verfahren bestimmt werden. Folgende annahmen gelten dabei:

- Auswirkungen infolge ständiger Einwirkungen sind **normalverteil**
- Auswirkungen infolge veränderlicher oder aussergewöhnlicher Einwirkungen sind **gumbelverteilt**
- Variablen des Tragwiderstands sind **normal- oder lognormalverteilt**
- Steifigkeiten sind **normalverteilt**

Die SIA 269 bestimmt folgende Überprüfungswerte von **normalverteilten** Auswirkungen (E), Variablen des Tragwiderstands (R) und der Steifigkeit wie folgt:

$$E_{d,act} = E_{m,act} \cdot (1 + \alpha_E \cdot \beta_0 \cdot v_{E,act}) \qquad (2.3) \text{ SIA 269, Gl. 10}$$

$$R_{d,act} = R_{m,act} \cdot (1 + \alpha_R \cdot \beta_0 \cdot v_{R,act}) \qquad (2.4) \text{ SIA 269, Gl. 11}$$

Für die Bestimmung von lognormalen und gumbelverteilten Überprüfungswerten wird auf Anhang C von SIA 269 verwiesen [7].

Dabei sind $E_{m,act}$ und $R_{m,act}$ aktualisierte Erwartungswerte, $v_{E,act}$ und $v_{R,act}$ aktualisierte Variationskoeffizienten. Die beiden Werte α_E und α_R sind Sensitivitätsfaktoren (Wichtungsfaktoren), sie werden in späteren Kapiteln genauer definiert. Sofern diese nicht mit einer **FORM-Analyse** (*First Order Reliability Method*) bestimmt oder aktualisiert werden, kann vereinfachend mit den untenstehenden Faktoren gerechnet werden:

- $\alpha_E = 0.7$ für Auswirkungen von **Leiteinwirkungen**
- $\alpha_E = 0.3$ für Auswirkungen von **Begleiteinwirkungen**
- $\alpha_R = -0.8$ für Tragwiderstände, welche im GZT (Grenzzustand der Tragsicherheit) von **massgebender** Bedeutung sind.

- $\alpha_R = -0.3$ für Tragwiderstände, welche im GZT (Grenzzustand der Tragsicherheit) von **untergeordneter** Bedeutung sind.

Aus den obenstehenden Gleichungen ergeben sich die untenstehenden globalen Sicherheitsfaktoren [5]:

$$\gamma_{R,global} = \frac{R_{m,act}}{R_{d,act}} = \frac{1}{1 + \alpha_R \cdot \beta_0 \cdot v_{R,act}} \tag{2.5}$$

$$\gamma_{E,global} = \frac{E_{d,act}}{E_{m,act}} = \frac{1}{1 + \alpha_E \cdot \beta_0 \cdot v_{E,act}} \tag{2.6}$$

2.1.3 Probabilistische Vorgehensweise bei bestehenden Bauten

In der Norm SIA 260, Ziffer 4.6 [8] wird erwähnt, dass Tragwerke mit der Methode der Zuverlässigkeitstheorie bemessen werden können. Die Methoden der Zuverlässigkeitstheorie sind dann anzuwenden, wenn der Bereich der Normen SIA 261 – 267 verlassen wird. Dies ist bei aussergewöhnlichen Tragwerken (Staudämme, Atomkraftwerke, Brücken) oder bei Anwendung von Baustoffen, welche ausserhalb des Erfahrungsbereichs liegen, der Fall. Bei bestehenden Bauten liegen Baustoffeigenschaften häufig ausserhalb des üblichen Erfahrungsbereichs, weshalb hier die probabilistische Bemessung häufig Anwendung findet.

Weiter gibt die Norm SIA 260 [8] an, dass Methoden der Zuverlässigkeitstheorie zusammen mit den Prinzipien des *Probabilistic Model Code* anzuwenden sind. Empfehlungen vom *Joint Comitee of Structural Safety* (JCSS) [3] beziehen sich häufig auf Neubauten, bei bestehenden Bauten sind oft zusätzliche Materialproben notwendig, welche man optimalerweise mit a-priori-Daten aktualisieren kann.
Rechnerisch unterscheidet sich die Vorgehensweise kaum von der Bemessung von Neubauten.
Die Schwierigkeit der probabilistischen Berechnungsweise bei sanierungsbedürftigen Gebäuden liegt in der **Festlegung des Variationskoeffizienten**. Dieser ist abhängig von der Anzahl der Materialproben, welche häufig sehr gering ist oder dann eben aktualisiert wird. Deshalb kann der Variationskoeffizient grösser oder kleiner sein als die im *JCSS* verwendeten Werte.
Das untenstehende Bild zeigt eine praktische Vorgehensweise bei der Bewertung von bestehenden Bauwerken. Zuerst wird

der Grenzzustand definiert, dann mittels der Sensitivitätsanalyse diejenigen Parameter identifiziert, welche massgebend für die Zuverlässigkeit, bzw. die Versagenswahrscheinlichkeit verantwortlich sind. Anhand dieser Grundlage können weitere Untersuchungen durchgeführt werden. Danach kann das stochastische Modell mit den Basisvariablen präzisiert und angepasst werden. Es wird darauf ein erneuter Berechnungsdurchlauf durchgeführt, welcher die Beurteilung der Zuverlässigkeit beinhaltet. Abschliessend können Instandsetzung- und Ertüchtigungsmassnahmen in ihrer Auswirkung auf die Zuverlässigkeit des Bauwerks und die dazugehörige Lebensdauer/Restnutzungsdauer prognostiziert werden.

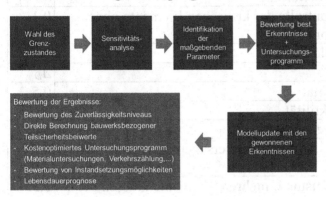

Abbildung 3. Prinzipielles Vorgehen des probabilistischen Berechnungsverfahren bei Brücken im Bestand [9].

2.2 Bestimmung der Zuverlässigkeit von bestehenden Bauwerken

Für bestehende Bauwerke schlagen *Bergmeister & Santa* eine Abstufung des Zuverlässigkeitsindex β in Abhängigkeit von Tragwerksart, Überwachungssystem und Belastungsart bei der probabilistischen Bemessung von Brückenbauwerken vor

[10]. Die untenstehende Tabelle zeigt die angepasste Ziel-Zuverlässigkeit aufgrund eines passenden Monitoring-Konzeptes auf.

Tragfähigkeit: $\beta = 4.7 - (\Delta_M + \Delta_D + \Delta_S + \Delta_L) \geq 3.5$ **Gebrauchstauglichkeit:** $\beta = 3.0 - (\Delta_M + \Delta_D + \Delta_S + \Delta_L) \geq 1.7$	
Monitoring	Δ_M
Kontinuierliche Kontrolle der kritischen Elemente	0.5
Jährliche Kontrolle der kritischen Elemente mit sichtbarer Vorwarnung	0.25
Jährliche Kontrolle der kritischen Elemente ohne sichtbare Vorwarnung	0.1
Kontrolle alle 2 Jahre	0
Duktilität	Δ_D
Hohe Duktilität	0.5
Geringe Duktilität	0
Systemtragverhalten	Δ_S
Hohe Robustheit, Elementversagen führt zu Systemwechsel	0.5
Mittlere Robustheit, mehrere Elemente müssen versagen, damit Kollaps eintritt	0.25
Geringe Robustheit, Versagen eines Elementes führt zum Kollaps	0
Einwirkungen	Δ_L
Normbelastungen	0
Sondertransporte – seltenes Ereignis, 1x pro Jahr, max. Überschreitung 20%	0.1
Seltene und gleichzeitig wirkende Einwirkungen (Sondertransporte + Wind/Schnee)	0.2

Tabelle 2. Zielzuverlässigkeit für Grenzzustände GZT und GZG nach Vorschlag von Bergmeister und Santa [11].

Durch die zusätzlichen Informationen, welche durch Kontrollen, Inspektionen, Messungen, Überwachungen etc. aus dem bestehenden Bauwerk gewonnen werden, nimmt die Unsicherheit deutlich ab. In der probabilistischen Berechnung fliesst dies durch eine Reduktion der Variationskoeffizienten der Basisvariablen ein. Ein wichtiger Bestandteil ist dabei die Aktualisierung der Apriori-Daten mit neuen Untersuchungen, welches mittels der Aktualisierung nach *Bayes* erfolgt (Siehe auch Kapitel 3.5.5).

2.3 Ziel-Zuverlässigkeit

Bereits im Vertiefungsmodul 1 wurden Zielzuverlässigkeiten aus verschiedenen Literaturquellen aufgeführt. Die wichtigsten Angaben, welche in den Zuverlässigkeitsanalysen der vorliegenden Arbeit verwendet wurden, werden zur Vollständigkeit an dieser Stelle aufgeführt.
Boros [10] schlägt für Bauwerke im Bestand folgende Werte vor:

Grenzzustand	Zielwert des Zuverlässigkeitsindex β	Bezugszeitraum
Gebrauchstauglichkeit	1.5	Restliche Lebensdauer des Bauwerks
Tragfähigkeit	3.1 - 3.8	50 Jahre
	3.4 - 4.1	15 Jahre
	4.1 - 4.7	1 Jahr

Tabelle 3. Zuverlässigkeitsindex aus Boros [12].

Im *JCSS Probabilistic Model Code* [3] wird zusätzlich zu der Kategorisierung nach Versagensfolgen eine Einteilung in Gruppen gemacht. Diese sind abhängig von den Kosten einer möglichen Schutzmassnahme zur Vermeidung des Versagens. **Es wird darauf hingewiesen, dass eine Massnahme, welche geringe Kosten verursacht, aber die Zuverlässigkeit erheblich steigert, ergriffen werden sollte.** Gegenbeispiele sind Bestandesbauwerke, bei welchen eine nachträgliche Steigerung der Zuverlässigkeit mit hohen Kosten verbunden wäre. Auch diese Werte sind nur Empfehlungen, diese sind in vielen Literaturquellen ungefähr in der gleichen Grösse. Im Rahmen dieser Arbeit, wo eine bestehende Strassenbrücke auf die Zuverlässigkeit untersucht wird, werden die bereits bekannten Werte aus der untenstehenden Tabelle verwendet.

Bezogene Kosten der Schutzmassna hme	Geringe Versagensfol gen	Mässige Versagensfol gen	Grosse Versagensfol gen
Gross	3.1	3.3	3.7
Normal	3.7	4.2	4.4
Gering	4.2	4.4	4.7

Tabelle 4. Zuverlässigkeit in Abhängigkeit der Versagensfolge und Kosten [3].

Die geforderte Zielzuverlässigkeit ist also abhängig von den Schadensfolgen beim Versagen, den Kosten der Schutzmassnahme zur Erhöhung der Zuverlässigkeit, dem Grenzzustand und dem Bezugszeitraum. So ergibt sich für

Tragwerke mit mittleren Schadensfolgen für den Betrachtungszeitraum von einem Jahr im GZT der Tragfähigkeit quasi einheitlich (Ausser im JCSS) eine Zielzuverlässigkeit von $\beta = 4.7$, was einer Versagenswahrscheinlichkeit von $P_f = 10^{-6}$ entspricht (*Matlab*: cdf('normal',4.7,0,1)). Voraussetzung ist dabei immer eine Gauss'sche Normalverteilung, was man sich dabei bewusst sein muss.

Im Vertiefungsmodul 1 wurde bereits auf die Zielzuverlässigkeiten für Bauten im Bestand unter Bauwerksüberwachung eingegangen. Diese Werte können dort nachgelesen werden und stammen ebenfalls aus Boros [10].

Das oberste Ziel jeder Tragstruktur ist die Garantie der Sicherheit. Der überprüfende Ingenieur soll dabei Nutzen und Kosten optimieren.

Die geforderte Zuverlässigkeit ist nicht nur ein Wert, so wie dies in vielen Literaturquellen dargestellt wird. Bei der sogenannten Stufe zwei wird der vorhandene Zuverlässigkeitsindex mit einem Zielwert verglichen, der je nach Versagenskonsequenzen und Kosten der notwendigen Schutzmassnahmen grösser oder kleiner ist. Er setzt sich aus den initialen Kosten, den Erhaltungskosten und den Versagenskosten zusammen. Generell ist seine Bestimmung ein Optimierungsproblem. Es soll das Optimum zwischen Zuverlässigkeit und Kosten eruiert werden.

Im Paper von *Ghasemi* und *Nowak* wird ein Verfahren vorgestellt, wo Kosten, Diskontierungsfaktor und die zeitliche Abhängigkeit von Einwirkung und Widerstand berücksichtigt, werden [11].

Initialkosten

Bei grösserem Zuverlässigkeitsindex steigen logischerweise auch die Konstruktionskosten. Aus der Literatur ist der lineare Zusammenhang der Initial-Kosten C_I und dem Zuverlässigkeistindex bekannt:

$$C_I = a + \beta \cdot b \qquad (2.7)$$

Die Variablen a und b sind dabei konstant und variieren je nach Objekt.

Erhaltungskosten

Die Abschätzung der Erhaltungsmassnahmen hängt mit den verwendeten Materialien, den Umweltbedingungen und den äusseren Einflüssen (Verkehr, Erdbeben, etc.) zusammen. Aus einer einfacheren Sicht betrachtet reflektieren diese die generellen wirtschaftlichen Kosten. Daher ist es möglich, die Erhaltungskosten als Teil der Initialkosten zu betrachten, wobei auch die Discounting-Rate i über den Zeitraum t_m einbezogen werden muss. Diese zeigt die jährliche Abnahme des Geldwertes (Indirekt die Teuerung), und beträgt meistens 2-3%:

$$C_M = m \cdot C_I \cdot (1 + i)^{t_m} \qquad (2.8)$$

Wobei m das Verhältnis zwischen den Erhaltungs- und Erstellungskosten ist.

Versagenskosten

Die Berücksichtigung der Sozial- und Umweltkosten ist sehr kompliziert und oft unmöglich. Trotzdem ist es möglich, dass alle Nebeneffekte relativ abhängig vom Zuverlässigkeits- (Sicherheits-) Level der Struktur sind. Somit kann die *Failure-Cost-Funktion* aufgestellt werden:

$$C_M = n \cdot C_I \cdot (1+i)^{t_n} \qquad (2.9)$$

Wobei n das Verhältnis zwischen den Versagens- und Erstellungskosten ist. Der Wert t_n stellt die Zeit bis zum Versagen dar.

Somit kann eine Gesamtfunktion aufgestellt werden, durch welche man den Mindest-Zuverlässigkeitsindex berechnen kann:

$$\min_\beta \left\{ C_I + \left(C_I \sum_{j=1}^{k} (m \cdot (1+i)^{t_j})_j \left\{ P_d\left(\beta,t_j\right)\right\} \right)_j + \left(C_I \cdot n \cdot (1+i)^{t_n} \cdot \left\{ P_f\left(\beta,t_j\right)\right\}\right)\right\}$$

$$(2.10)$$

In [13] ist dieses Vorgehen an einem konkreten Beispiel (Stahlträger als einfacher Balken) aufgezeigt.

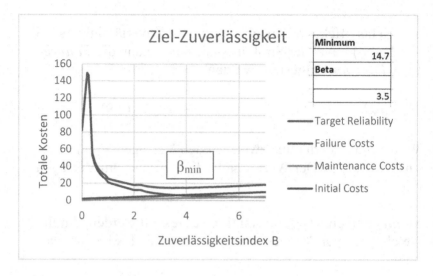

Abbildung 4. Bestimmung des optimalen Zuverlässigkeitsindex mit Einbezug wirtschaftlicher Einflüsse.

In der obenstehenden Grafik, welche in einem separaten Excel-File erstellt wurde, ist ersichtlich, dass das optimale Beta in diesem Beispiel 3.5 beträgt. Für weiterführende Literatur wird auf *Ghasemi* und *Nowak* verwiesen [13]. Weitere Ansätze sind auch in Fischer [14] zu finden.

2.4 Verformungsbasierte Tragwerksanalyse für bestehende Bauten

Im Zusammenhang mit der Erhaltungsnorm SIA 269/8 [13] bietet sich das Kapazitätsspektrumverfahren (CSM) für die Tragwerksanalyse an. Dies eignet sich für verformungsbasierte Tragwerksanalysen von Gebäuden und Brücken. Die Erdbebeneinwirkung wird dabei durch das aktualisierte Überprüfungsspektrum $S_{ud,act}$ ermittelt:

$$S_{ue,act} = \frac{T^2}{4 \cdot \pi^2} S_{e,act}$$

$$(2.11) \text{ SIA 269/8 Gl. 1}$$

$$S_{ud,act} = \gamma_f \cdot c_d \cdot S_{ue,act}$$

$$(2.12) \text{ SIA 269/8 Gl. 2}$$

Die Berechnung der Kapazitätskurve erfolgt an einem zur Grundschwingungsform äquivalenten **Einmasseschwinger** mit den entsprechenden charakteristischen Materialeigenschaften. Zur Berechnung der Kapazitätskurve wird die horizontale Ersatzkraft F_d unter konstant ständigen Lasten und Nutzlasten monoton gesteigert, bis der entsprechende Spektralwert der Horizontalverschiebung aus dem elastischen Überprüfungsspektrum der Verschiebung erreicht wird, oder die horizontale Ersatzkraft um mehr als 20% unter ihren Materialwert abfällt oder gar das erste Bauteil versagt. Die Zielverschiebung lautet w_d / Γ [13]. Es muss also die Zielverschiebung durch den Partizipationsfaktor dividiert werden. Darauf wird die Tragsicherheit von Stahlbetonteilen für erhöhte Querkraft V_d^+ nachgewiesen. Diese Querkraft stellt sich bei Biegeversagen ein. Kann dies nicht nachgewiesen werden, liegt ein nicht-duktiler Versagensmechanismus vor und das

verformungsbasierte Verfahren kann nicht angewendet werden.
Die erhöhte Querkraft für Stahlbetonwände beträgt:

$$V_d^+ = \kappa \cdot V_{d,act} \hspace{2cm} (2.13) \text{ SIA 269/8 Gl. 34}$$

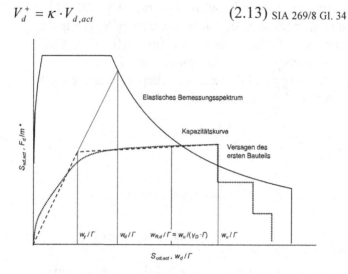

Abbildung 5. Elastisches Bemessungsspektrum mit Kapazitätskurve, normiert auf modale Grössen, Figur 9 aus **[15]**.

Dies wird mit Hilfe des AD-RS-Spektrums durchgeführt. Dieses wurde in Excel implementiert und im folgenden Unterkapitel kurz aufgeführt. Grundsätzlich ist zu beachten, dass bei Mehrmassenschwinger die Spektrale Verschiebung S_d oder w_d durch den Partizipationsfaktor Γ zu dividieren ist. Dies ist auch in der obenstehenden Abbildung ersichtlich.

2.4.1 AD-RS-Spektrum

Dieses AD-RS-Spektrum (*Acceleration-Displacement-Response-Spectra*) kann aus dem elastischen Spektrum und dem T-S$_d$-Diagramm in das gewollte S$_{pa}$-Sd-Format gebracht werden, wo die Zielverschiebung und der sogenannte Performance-Point bestimmt werden können. Mit Hilfe der inelastischen Spektren kann dann die vorhandene Duktilität bestimmt werden.

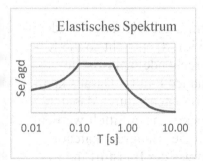
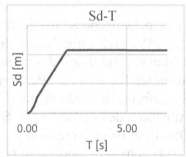

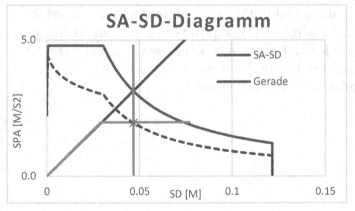

Abbildung 6. AD-RS-Schema, programmiert in Excel.

Die Perioden T entsprechen Geraden, welche durch den Ursprung laufen:

$$S_{pa} = \omega^2 \cdot S_d \qquad (2.14)$$

Nach Umformung erhält man:

$$T = 2\pi \sqrt{\frac{S_d}{S_{pa}}} \qquad (2.15)$$

Wird die inelastische Kraft-Verformungsbeziehung des idealisierten EMS durch seine Masse dividiert, entsteht so die Kapazitätskurve. Diese und das entsprechende inelastische Spektrum treffen sich im «Performance Point». Daraus kann nun die erforderliche Duktilität des Systems durch das iterative Annähern des inelastischen Spektrums ermittelt werden. Die Duktilität ist also einerseits von der Baugrundkategorie (Standort) abhängig, andererseits muss der Baustoff im Stande sein, diese Duktilität zu gewährleisten. Für weiterführende Literatur wird auf Dazio [16] verwiesen. Dieses Vorgehen wurde in Kapitel 6 an einem konkreten Beispiel angewendet. Auszüge aus dem in Excel programmierten AD-RS-Format sind im Anhang vorzufinden.

3 Grundlagen der Zuverlässigkeitstheorie

3.1 Begriffe

Zur Vollständigkeit werden die wichtigsten Begriffe im Zusammenhang mit der Sicherheit und Zuverlässigkeit im Bauwesen definiert. Diese basieren auf *Schneider* [6].

<u>Risiko</u>
Nach Schneider ist das Risiko die Möglichkeit, einen Schaden zu erleiden. Ebenso ist ein Mass für die Grösse einer Gefahr, welches man versucht, zu quantifizieren. Dabei ist Risiko eine Funktion der Eintretenswahrscheinlichkeit P_E und der Erwartungswert des Ereignis $E(S)$, welche oft in Franken, Anzahl Verletzte, etc. angegeben wird. Bezieht man Risiken auf bestimmte Zeitintervalle, spricht man von Häufigkeiten. Bei sehr kleinen Eintretenswahrscheinlichkeiten, welche aber hohe Schadenserwartungswerte besitzen, spricht man vom sogenannten «Null-Mal-Unendlich-Dilemma», welches in diesem Fall versagt. Es ist ausserdem zu unterscheiden zwischen individuellem und kollektivem Risiko. Die Subjektive Risikoempfindung kann oft erheblich vom objektiven Risiko abweichen [6].

Risiko = Eintretenswahrscheinlichkeit · Ausmass des möglichen Schadens

<u>Sicherheit</u>
Im Gegensatz zu Risiko ist Sicherheit ein qualitativer Begriff. Sie gilt als vorhanden, wenn sich das Risiko von Personenschäden auf sehr kleine Werte beschränkt. Dazu gehören Arbeitssicherheit bei der Erstellung, Sicherheit der Benützer und

© Der/die Autor(en), exklusiv lizenziert an
Springer Fachmedien Wiesbaden GmbH, ein Teil von Springer Nature 2023
T. Zeder, *Ein Beitrag zur probabilistischen Nachweisführung von bestehenden Tragwerken mit NLFEM und UQ-Lab*, BestMasters,
https://doi.org/10.1007/978-3-658-42185-4_3

die Sicherheit von Dritten im Einflussbereich. Typische Sicherheitsproblem sind Versagen von Tragstrukturen, Kollisionen von Zügen, Sinken von Schiffen etc.

Zuverlässigkeit (*Reliability*)

Sie ist definiert durch die Eigenschaft, einen festgelegten Wert während einer bestimmten Zeitdauer mit vorgegebener Wahrscheinlichkeit zu erfüllen. Sie wird oft als Komplementärmenge zur Versagenswahrscheinlichkeit P_f definiert:

$$Z = 1 - P_f \qquad (3.1)$$

Zuverlässigkeit ist also, im Gegensatz zur Sicherheit, messbar. **Sie äussert sich darin, dass eine Bedingung mit einer gewissen Wahrscheinlichkeit eingehalten ist, oder eben nicht.**
Die Sicherheitsbeurteilung von Tragwerken ist also von verschiedenen Einflussgrössen abhängig. Unsicherheiten gibt es im Ingenieurbau zahlreiche, sei es durch die Streuung der Materialeigenschaften oder auf der Einwirkungsseite. Diese sind mit Hilfe der probabilistischen Berechnungsmethoden zu «quantifizieren». Grundsätzlich muss sich der projektierende Ingenieur immer die Frage stellen, ob das was passieren kann, akzeptierbar und sicher ist. Falls dies nicht der Fall ist, muss er die geeigneten Massnahmen finden, um die gewünschte Sicherheit zu erreichen. In den folgenden Kapiteln werden deshalb die Grundlagen der Wahrscheinlichkeitstheorie dargelegt.

Bei der Beurteilung der Zuverlässigkeit von Bauwerken gibt es zwei Arten von Unsicherheiten:

- **Aleatorische**, vom Zufall abhängige Unsicherheit (z.B. Wind- oder Erdbebeneinwirkung)

- **Epistemische**, erkenntnistheoretische Unsicherheit (z.B. Modellfehler, menschliches Versagen)

Bei **aleatorischer Unsicherheit** spricht man von physikalischen Phänomenen, wie zum Beispiel der Streuung der Materialkennwerten oder der Belastungen. Diese Art von Unsicherheit kann nicht beeinflusst werden, ohne das Phänomen selbst zu ändern.

Epistemischen Unsicherheiten sind diejenigen Unsicherheiten, welche durch mangelhafte Kenntnisse, Modellvereinfachungen oder Messfehler, entstehen. Diese können durch geeignete Massnahmen reduziert werden. Ebenfalls zu den epistemischen Unsicherheiten zählen menschliche Fehler [16].

3.2 Typen von Basisvariablen

Schneider unterscheidet zwischen drei Typen von Basisvariablen [6]:

Umweltvariablen: Wind, Schnee, Erdbeben, etc. werden als stationäre stochastische Prozesse in der Zeit beschrieben. Sie sind durch den Menschen kaum oder gar nicht kontrollierbar. Allerdings gehören auch vom Menschen verursachte Gefahren wie Explosionen oder Feuer in diese Gruppe. Mit der Definition von Bemessungswerten werden gewisse Risiken akzeptiert.

Bauwerksvariablen: In diese Gruppe gehören Baustoffeigenschaften, Bauwerksabmessungen, etc. Diese sind geplant und können überprüft werden, allenfalls gar durch Ersatz verbessert werden. Diese Variablen sind in der Regel nur wenig variabel in der Zeit, sondern abgesehen von chemischen Prozessen wie Korrosion feste Grössen. Die Schwierigkeit besteht in der Voraussage dieser Parameter (Betonier-Vorgang, Walzprozess, etc.)

Nutzungsvariablen: In diese Kategorie gehören Verkehrslasten, Nutzlasten, Kranlasten, etc. Diese sind begrenzbar durch Überwachung und ebenfalls stochastische Prozesse in der Zeit. Oft sind Grenzwerte der Nutzungsvariablen vereinbarte Grössen, in der praktischen Einhaltung liegen allerdings Unsicherheiten. Eine Nutzungsänderung muss deswegen sorgfältig betrachtet und das Bauwerk neu untersucht werden.

Diese Variable werden in R-Variablen (i.d.R. Widerstand) und S-Variablen (i.d.R. Einwirkung) unterteilt. Bei den R-Variablen sind Abweichungen vom Mittelwert nach unten gefährlich, während bei den S-Variablen Ausreisser nach oben gefährlich sind.
Eine strikte Trennung der beiden Variablen ist nicht immer möglich. Der Erddruck oder auch das Eigengewicht kann je nach dem günstig oder ungünstig wirken. Gleich ist es mit den geometrischen Abmessungen.

3.3 Zufallsgrössen und statistische Grundlagen

In diesem Unterkapitel sind die wichtigsten Eigenschaften von Zufallsgrössen aufgeführt. Dies bildet die Grundlage für die Bestimmung des Sicherheitsindex β und daraus die Bestimmung der Versagenswahrscheinlichkeit P_f.

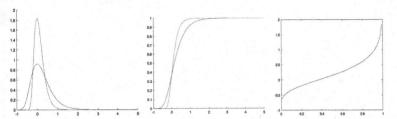

Abbildung 7. Normalverteilung, Verteilungsdichte und Inverse-Quantil-Funktion einer Gumbel-Max Verteilung (Matlab 2021).

Oft sind Verteilungsfunktionen im Bauwesen nicht in allen Einzelheiten bekannt, da die Stichprobengrösse oft sehr gering ist. Eine vereinfachte Charakterisierung der Zufallsgrössen gelingt durch ihre Momente [17].
Als *i-tes* Moment der Zufallsgrösse wird definiert:

$$m_i = \sum_k x_k{}^i \cdot p_k \qquad \text{(wenn X diskret ist)} \qquad (3.2)$$

$$m_i = \int_{-\infty}^{\infty} x^i f_x(x)dx \qquad \text{(wenn X stetig ist)} \qquad (3.3)$$

Das i-te zentrale Moment (Mittelwert) ist nach *Spaethe* [17]:

$$\mu_i = \sum_k (x_k - m_1)^i \cdot p_k \qquad \text{(wenn X diskret ist)} \qquad (3.4)$$

$$\mu_i = \int_{-\infty}^{\infty} (x_k - m_1)^i \cdot f_x(x)dx \qquad \text{(wenn X stetig ist)} \qquad (3.5)$$

Des Weiteren besteht folgende Beziehung zwischen den Momenten m_i und den zentralen Momenten μ_i.

$$\mu_1 = 0 \tag{3.6}$$

$$\mu_2 = m_2 - m_1^2 \tag{3.7}$$

$$\mu_3 = m_3 - 3 \cdot m_1 \cdot m_2 + 2m_1^2 \tag{3.8}$$

Dabei entspricht der Mittelwert oder Erwartungswert *E(x)* dem 1. Moment. Die Varianz oder auch Dispersion *Var(X)* ist gleich dem zweiten zentralen Moment.

$$\mu_x = m_1 \tag{3.9}$$

$$\sigma^2 = m_2 \tag{3.10}$$

Die Wurzel der Varianz bezeichnet die Standardabweichung:

$$\sigma_x = \sqrt{\sigma_x^2} \tag{3.11}$$

Daraus erhält man den **Variationskoeffizienten.** Dieser Wert wird verwendet, da die Standardabweichung allein aufgrund der Abhängigkeit zum Mittelwert kaum aussagekräftig ist. Der Variationskoeffizient ist ein Mass für die Streuung:

$$v_x = \frac{\sigma_x}{\mu_x} \tag{3.12}$$

3.4 Mehrdimensionale Zufallsgrössen

Oft sind im Bauingenieurwesen Aufgabenstellungen zu bearbeiten, wo verschiedene Einflussfaktoren gleichzeitig zu berücksichtigen sind. Diese zufälligen Faktoren lassen sich mit der passenden Verteilungsfunktion darstellen. Die Zufallsgrösse lässt sich nach *Spaethe* [18] durch eine mehrdimensionale Zufallsgrösse, welcher auch Zufallsvektor genannt wird, abbilden:

$$X = (X_1, X_2, ..., X_N)^T \qquad (3.13)$$

Für das Beispiel «Schneelast» sind zum Beispiel Schneehöhe und das Raumgewicht von wesentlicher Bedeutung. Es handelt sich hierbei um zufällige, aber nicht unabhängige Grössen, da in diesem Fall eine grössere Schneehöhe zu erhöhtem Raumgewicht führt.

Dabei wird die n-dimensionale Zufallsgrösse des Zufallsvektors X definiert als:

$$f_{X_1, X_2, ..., X_n}(x_1, x_2, ..., x_n) = \frac{\partial^n F_x(x_1, x_2, ..., x_n)}{\partial x_1, \partial x_2, ..., \partial x_n} \qquad (3.14)$$

Die Verteilungsdichte kann durch **Integration der Verteilungsdichte** beschrieben werden.
Für den zweidimensionalen Raum ergibt sich so die Verteilungsfunktion:

$$F_{X,Y}(x,y) = \int_{-\infty}^{x} \int_{-\infty}^{y} f_{X,Y}(x,y)\,dy\,dx \qquad (3.15)$$

Durch Ableiten kann die Verteilungsdichte ermittelt werden:

$$f_{X,Y} = \frac{\partial^2}{\partial x \partial y} F_{X,Y}(x,y) \qquad (3.16)$$

Es wird hierbei nicht auf die mathematische Herleitung eingegangen, diese ist in der Literatur von *Spaethe* [17] ersichtlich. Die Verteilungsdichte eines Zufallsvektors mit gegenseitig unabhängigen Komponenten entspricht dem Produkt der Verteilungsdichten der einzelnen Komponenten. Wenn X_1 und X_2 zwei Zufallsgrössen sind, ergibt ein gemischtes zentrales Moment:

$$Cov[X_1, X_2] = \iint (x_1 - \mu_1)(x_1 - \mu_2) \cdot f_{X_1, X_2}(x_1, x_2) \cdot dx_1 dx_2 \quad (3.17)$$

Das untenstehende Verhältnis wird **Korrelationskoeffizient** genannt:

$$\rho_{X,Y} = \frac{Cov[X,Y]}{\sqrt{Var(X) \cdot Var(Y)}} = \frac{\sigma_{X,Y}}{\sigma_X \cdot \sigma_Y} = \frac{E\left[(X - \mu_x)(Y - \mu_Y)\right]}{\sqrt{E\left[(X - \mu_x)^2 (Y - \mu_Y)^2\right]}} \quad (3.18)$$

Dieser Wert beschreibt die lineare Abhängigkeit der beiden Zufallsgrössen. Der Koeffizient ρ liegt zwischen -1 und 1. Bei $|\rho| = 1$, spricht man von einer perfekten Korrelation, was bedeutet, dass die Werte genau auf einer Gerade liegen. Ist $\rho = 0$, korrelieren die Werte überhaupt nicht miteinander. Wichtig ist folgende Aussage, welche oft fälschlicherweise invers verwendet wird:

Unabhängig bedeutet unkorreliert, aber nicht umgekehrt!

Heumann gibt eine Einstufung der Korrelationskoeffizienten an [18], welche im VM1 aufgeführt sind [19]. So kann man auch verschieden Datensätze mit dem sogenannten «*curve-fitting*» analysieren. Es werden dabei zuerst Ausreisser definiert, dann wird für die Datenmenge eine passende Verteilungsfunktion gesucht. Ziel ist ein Korrelationskoeffizient R möglichst nahe an Eins. So können Daten intra- und extrapoliert werden. Früher wurde dies oft auch grafisch mittels Wahrscheinlichkeitsnetzen getan. Das «*curve-fitting*» kann mit einer passenden Software, in diesem Fall mit Excel und *Matlab* ausgeführt werden.

Die symmetrische **Kovarianzmatrix C_x** eines n-dimensionalen Zufallsvektors X lässt sich folgendermassen definieren:

$$C_x = \begin{pmatrix} \sigma_{11} & \sigma_{12} & \cdots & \sigma_{1n} \\ \sigma_{21} & \sigma_{22} & \cdots & \sigma_{2n} \\ \vdots & \vdots & \ddots & \vdots \\ \sigma_{n1} & \sigma_{n2} & \cdots & \sigma_{nn} \end{pmatrix} \qquad (3.19)$$

Die Diagonaltherme bezeichnen dabei die Varianzen der zugehörigen Zufallsgrössen. Im obenstehenden Beispiel ist σ_{11} die Varianz der Zufallsgrösse X. Sie wird oft zur Bestimmung der Versagenswahrscheinlichkeit eines Systems benötigt [18]. Häufig wird auch anstelle der Kovarianzmatrix die **Korrelationsmatrix R_x** verwendet:

$$R_x = \begin{pmatrix} 1 & \rho_{12} & \cdots & \rho_{1n} \\ \rho_{21} & 1 & \cdots & \rho_{2n} \\ \vdots & \vdots & \ddots & \vdots \\ \rho_{n1} & \rho_{n2} & \cdots & 1 \end{pmatrix} \qquad (3.20)$$

Zusätzlich ist für eine stochastischen Bemessung der Vektor der Mittelwerte und die Diagonalmatrix der Standardabweichung notwendig [17]:

$$D_x = \begin{pmatrix} \sigma_1 & 0 & \cdots & 0 \\ 0 & \sigma_2 & \cdots & 0 \\ \vdots & \vdots & \ddots & \vdots \\ 0 & 0 & \cdots & \sigma_n \end{pmatrix} \qquad (3.21)$$

Die gemeinsame Wahrscheinlichkeitsdichte $f(x,y)$ von zwei Zufallsvektoren X und Y mit den Wahrscheinlichkeiten $f(x)$ und $f(y)$ erhält man aus dem Satz der **«bedingten Wahrscheinlichkeit»** [10].

$$f(x|y) = \frac{f(x,y)}{f(y)} = \frac{Gemeinsame Verteilungsdichte}{Randverteilungsdichte} \qquad (3.22)$$

$$f(x,y) = f(x|y) \cdot f(y) \qquad (3.23)$$

Sind die beiden Zufallsvektoren X und Y **statistisch unabhängig**, so gilt für die bedingte Wahrscheinlichkeitsdichte:

$$f(x|y) = f(x) \qquad und \qquad f(y|x) = f(y) \qquad (3.24)$$

Somit ergibt sich für die gemeinsame Wahrscheinlichkeitsdichte:

$$f(x,y) = f(x) \cdot f(y) \qquad (3.25)$$

Daraus ergibt sich die zweidimensionale standardisierte Normalverteilung mit der Verteilungsdichte φ₂, welche von grosser baupraktischer Bedeutung ist.

$$\varphi(x_1, x_2, \rho) = \frac{1}{2\pi \cdot \sqrt{1-\rho^2}} \exp\left(-\frac{x_1^2 - 2\rho x_1 x_2 + x_2^2}{2(1-\rho^2)}\right) \qquad (3.26)$$

Die dazugehörige Verteilungsfunktion Φ₂ (Doppelintegral, bzw. Volumen der Verteilungsdichte) lautet:

$$\Phi_2(x_1, x_2, \rho) = \int_{-\infty}^{\infty}\int_{-\infty}^{\infty} \varphi_2(u_1, u_2, \rho)\,du_1\,du_2 \qquad (3.27)$$

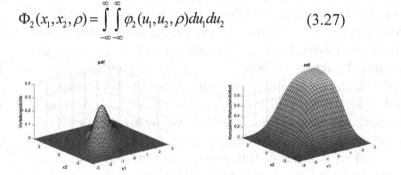

Abbildung 8. Mehrdimensionale Verteilungsfunktion und Verteilungsdichte, mit Mittelwert = 0, Standardabweichung = 1 und $\rho=0.8$ (geplottet mit *Matlab*).

3.4.1 Copula

In diesem Zusammenhang ist die Theorie der Copula zu erwähnen. Eine Copula stellt die Beziehung zwischen gemeinsamen Verteilungsfunktionen und den verschiedenen Randbedingungen und -funktionen (*marginals*) her. Sie betrachtet die

Verknüpfung der individuellen Verteilungen der Basisvariablen. Eine mathematische Beziehung für mehrere Basisvariablen ohne Korrelation nennt man **unabhängig**. Stochastische Abhängigkeitsstrukturen lassen sich allerdings nicht mehr nur allein durch lineare Korrelation beschreiben. Grundsätzlich ist dies eine Ableitung der NATAF-Transformation. **Korrelation ist in diesem Fall ein Mass für die Abhängigkeit in der Umgebung eines Erwartungswertes.** Sie eignet sich hervorragend für die Modellierung der Abhängigkeitsstrukturen zwischen den Basisvariablen. So zum Beispiel bei einer klassischen Monte-Carlo Simulation, wo k uniforme Zufallsvariablen U_i erzeugt und daraus die Quantilwerte generiert werden. Dabei wird allerdings keine Korrelation zwischen den Zufallsvariablen berücksichtigt.

Da kommt die Copula zum Zuge. Es werden zuerst die Randverteilungen in eine Uniforme, und darauf die Abhängigkeitsstruktur formuliert. Dabei muss man entscheiden, welche gemeinsame Funktion am besten zu den Randverteilungen passt. Es gibt eine grosse Anzahl an möglichen Copulas (Gauss, Gumbel, Clayton, Frank). Die t-Copula nähert sich bei unendlich vielen Freiheitsgrade einer **Gauss-Copula** an, welche auch in dieser Arbeit verwendet wird [21]. In der Praxis kann man Abhängigkeiten der Basisvariablen zum Beispiel bei Abflusswerten von Flüssen erkennen (Regionale Übertragung).

Gauss-Copula

Die Gauss-Copula ist definiert als:

$$C(u_1,...,u_M;R) = \Phi_M\left(\Phi^{-1}(u_1),...,\Phi^{-1}(u_M);R\right) \qquad (3.28)$$

Wobei **R** die lineare Korrelationsmatrix der multivarianten Gauss-Verteilung, verbunden mit der Gauss Copula. $\Phi_M(u; R)$ is die kumulierte Verteilungsfunktion (CDF) einer

M-variaten Gauss-Verteilung mit Mittelwert 0 und Korrelationsmatrix R.

Die Gauss-Copula ist eine der meist-verwendeten Copula zur **Parametrisierung der Abhängigkeit der Zufallsvektoren mit bekannten Randbedingungen.**

In diesem Zusammenhang werden verschieden Koeffizienten für das Mass der Abhängigkeit zweier und mehrerer Basisvariablen eingeführt, welche im Rahmen dieser Arbeit verwendet werden. Beispiele hierfür sind der Pearson-, Kendall - oder Spearman-Korrelationskoeffizient. Die mathematischen Formeln für diese Koeffizienten sind im Vertiefungsmodul I aufgeführt.

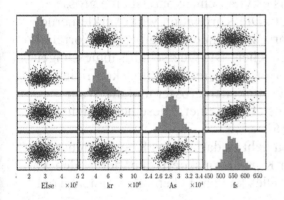

Abbildung 9. Beispiel eines Samplings mit Gauss-Copula. Der Korrelationskoeffizient der Bewehrungsfläche A_s und der Fliessgrenze f_s beträgt nach JCSS 0.5 (Spearmans Coefficient).

Mit *Matlab* und *UQLab* kann eine Abhängigkeit mittels Gauss-Copula sehr einfach programmiert werden. Es wird dabei meistens der *Spearman's-Koeffizient* verwendet und so die Korrelationsmatrix R gebildet.

3.4.2 Korrelierte Basisvariablen

Eine Korrelation zwischen zweier Basisvariablen kann mit dem zugehörigen Korrelationskoeffizienten r_{ij} ausgedrückt werden. Diese Korrelation kann die Versagenswahrscheinlichkeit entweder vergrössern oder verkleinern. **Positiv korrelierend** kann zum Beispiel eine gute Bauführung auf einer Baustelle wirken. Ist eine Baustelle nicht gut geführt, kann dies einen Einfluss auf die Betonqualität und die Bewehrungsverlegung haben. Auch das Arbeitsklima in einem Ingenieurbüro wirkt korrelationserzeugend. **Negativ korrelierend** sind zum Beispiel Schnee und Nutzlast auf einer Brücke. Falls es viel Schnee hat, ist eine grosse Nutzlast kaum möglich. Die Korrelation wirkt verkleinernd auf die Versagenswahrscheinlichkeit. Es gibt auch Korrelationen, welche sich ausgleichen. Die Querschnittsabmessungen kleiner Walzprofile haben grösserer Variationskoeffizienten, jedoch sind auch die Festigkeiten grösser und die Wahrscheinlichkeit auf Fehlstellen kleiner. Diese heben sich gegenseitig wieder auf [6].
Mathematisch gesehen geht es darum, das Koordinatensystem so zu drehen, dass der Korrelationskoeffizient der beiden Variablen verschwindet. Dies kann mit ebenfalls mit dem Tool UQ Lab erfolgen.

3.5 Parameterschätzung basierend auf Versuchsdaten

3.5.1 Momentenmethode

In den Anfängen der Zuverlässigkeitstheorie wurde eine analytische Näherungslösung verwendet. Daher hat man früher oft die sogenannte *Momentenmethode* verwendet. Es wurde dabei auf die ersten beiden statistischen Momente (Mittelwert und Standardabweichung) zurückgegriffen. Der Schätzer x und die Varianz s^2 kann folgendermassen bestimmt werden:

$$\bar{x} = \frac{1}{n}\sum_{i=1}^{n} x_i = m_x \qquad (3.29)$$

$$s^2 = \frac{1}{n-1}\sum_{i=1}^{n}(x_i - \bar{x})^2 \qquad (3.30)$$

Der Nachteil dabei ist offensichtlich: Die Momente hangen mit dem **Stichprobenumfang** zusammen, was zu einer zweifelhaften Zuverlässigkeit führt.

Dies ist der Grund, weshalb die sogenannten Vertrauensintervalle verwendet werden, wo mit vorgegebener Wahrscheinlichkeit die Werte in einem gewissen Bereich liegen. Der Vertrauensbereich für normalverteilte Mittelwerte und bekannter Standardabweichung kann die Aussagewahrscheinlichkeit $P = (1 - \alpha)$ angegeben werden.

$$P(\bar{x} - u_{1-\alpha/2} \cdot \frac{\sigma_x}{\sqrt{n}} \leq m_x \leq \bar{x} + u_{1-\alpha/2} \cdot \frac{\sigma_x}{\sqrt{n}}) = 1 - \alpha \qquad \text{mit}$$

$$u_{1-\alpha/2} = \Phi^{-1}(1 - \alpha/2) \qquad (3.31)$$

3.5.2 Maximum-Likelihood Methode

Im Ingenieurwesen weit verbreitet ist auch das Prinzip der Maximum-Likelihood-Methode (MLM). Das MLM ermöglicht eine direkte Parameterschätzung der gewählten Verteilungsfunktion einer beliebig differenzierbaren Verteilung. Die Parameter der Verteilungsfunktion werden dabei so bestimmt, dass die zu untersuchende Stichprobe die maximale Auftretenswahrscheinlichkeit (engl. *likelihood*) für die gesuchten

Parameter aufweisen. Liegt eine Stichprobe mit n unabhängigen, stetigen Zufallsvariablen vor, lässt sich die gemeinsame Dichte der Stichprobe unter Berücksichtigung der bekannten Parameter λ_i der Dichtefunktion $f_\theta(x)$ berechnen [12]:

$$L(x_1, x_2, ..., x_n | \lambda_1, \lambda_2, ..., \lambda_n) = f_\theta(x_1 | \lambda_1, ..., \lambda_i) \cdot ... \cdot f_\theta(x_n | \lambda_1, ..., \lambda_i)$$
(3.32)

Die obenstehende Funktion wird Likelihood-Funktion genannt. Erreicht sie das Maximum, so haben die gesuchten Parameter λ_i die maximale Auftretenswahrscheinlichkeit. Je nach Verteilungsfunktion kann es mathematisch einfacher sein, wenn die L-Funktion logarithmiert wird. Die Log-Likelihood-Funktion erreicht ihr Maximum, wenn die jeweiligen partiellen Ableitungen nach dem einzelnen Parameter zu null gesetzt werden:

$$\frac{\partial \ln(L)}{\partial \lambda_1} = 0, ..., \frac{\partial \ln(L)}{\partial \lambda_n} = 0$$
(3.33)

3.5.3 Ausreisser und Boxplot

Ausreisser sind definiert als Stichprobenelement, welche nicht zur Grundgesamtheit angehören. Bei der Datenanalyse, wo Mittewert, Standardabweichungen, Minima und Maxima bestimmt werden, kann die Identifikation von Ausreissern dem Aussortieren von Mess- oder Tippfehler dienen [5]. Die rechnerische Ermittlung von Ausreissern lautet:

$$x_{n+1} \geq \mu + k_A \sigma$$
(3.34)

Als Faustregel für zum Beispiel Messungen der Betonüberdeckung gelten: $k_A = 4$ und $n > 10$.

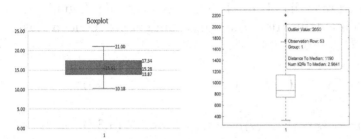

Abbildung 10. Boxplot mit Excel (l.) und *Matlab* (r.).

3.5.4 Quantile und Wiederkehrperiode

Durch die in diesem Kapitel eingeführten statistischen Methoden und Kennwerten können aus Stichproben essenzielle Merkmale wie Erfahrungswert, Standardabweichung oder eben Quantilwerte bestimmt werden. Sudret [22] definiert die «Quantilfunktion» als die inverse kumulative Verteilungsfunktion.

Dabei ist die Wahrscheinlichkeit bei einem Quantilwert q die Werte, welche Grösser sind als dieser Wert *(1-q)*. In der Praxis spricht man auch oft von der Wiederkehrperiode $T_R = k$ (Time-Return-period). Dabei ist bei einer Folge von k Ereignissen, welcher k-1-Mal der Wert q nicht überschritten wird, und dann **beim k-ten Ereignis überschritten wird** (Wind, Hochwasser, Erdbeben). Man sprach früher zum Beispiel vom 100-jährigen Ereignis, wobei die Annahme falsch ist, dass dieses Ereignis auch alle 100 Jahre Eintritt. Vielmehr ist die Wahrscheinlichkeit 1/n, also in diesem Fall 0.01. Mathematisch ausgedrückt bedeutet dies nach Sudret [22]:

$$x_p = \inf\{x \in D_x : F_x(x) \ge p\} \tag{3.35}$$

Kombiniert man die obenstehende Formel mit der kumulativen Verteilungsfunktion, führt dies zum untenstehenden Ausdruck [22].

$$P(T_R = k) = F_x(q)^{k-1} \cdot (1 - F_x(q)) \tag{3.36}$$

$$P(T_R \le k) = F_{T_R}(k) = (1 - F_x(q)) \tag{3.37}$$

Will man den Mittelwert einer Wiederkehrperiode bestimmen, kann man diesen mit der allgemeinen Theorie für diskrete Zufallsvariablen ermitteln (konvergierende Reihen). Auf die gesamte Herleitung wird auf die Fachliteratur von *Spaethe* [18] verwiesen.

$$\mu_{T_R} = \frac{1}{(1 - F_x(k))} \tag{3.38}$$

$$m_{2,T_R} = \frac{F_x(k) + 1}{(1 - F_x(k))} \tag{3.39}$$

$$\sigma_{T_R} = \frac{\sqrt{F_x(k)}}{1 - F_x(k)} \tag{3.40}$$

Für gewisse Verteilungsfunktionen wie zum Beispiel die Neville-Verteilung existieren analytische Näherungen, welche auf einer Taylor-Reihenentwicklung der Varianz des Mittelwertes einer Quantile basiert. Man spricht dabei auch von der **Perturbationsmethode.** Diese kann auch für andere Verteilungen angewendet werden. Numerisch ist das Quantil mit der bekannten «bootstrap-Methode» nach Efron, aus welcher die Varianz von Quantilen hervorgeht, einfach zu bestimmen [5].

3.5.5 Aktualisierung nach Bayes

Eine im Bauwesen gängiges Verfahren zum Updaten von Materialkennwerten ist das Verfahren nach Bayes. Dieser ermöglicht die Verarbeitung von zusätzlichen Informationen bei der Abschätzung von Wahrscheinlichkeiten. Grundlage sind a-priori gegebene Wahrscheinlichkeiten (z.B. der Erwartungswert der Streckgrenzen von Baustahl), wo zusätzliche Informationen unter Berücksichtigung eines Prädikators a-posteriori beigefügt werden [5]. So können zum Beispiel bestehende Gebäude mit Vorinformationen durch neu gewonnene Stichproben ergänzt werden.
Der Satz von Bayes lautet:

$$P(A_i \mid E) = \frac{P(E \mid A_i) \cdot P(A_i)}{P(E)} = \frac{P(E \mid A_i)}{\sum_{j=1}^{n} P(E \mid A_i) \cdot P(A_i)} \qquad (3.41)$$

Wobei $P(A)$ für die a-priori Wahrscheinlichkeit, und $P(E)$ für die zusätzliche Beobachtung stehen.
Somit können kleine Stichproben von nachträglichen Versuchen beschrieben werden:

Stichprobe 1: Probeanzahl n_1, Mittelwert μ_1, Standardabweichung σ_1

Stichprobe 0: Probeanzahl n_0, Mittelwert μ_0, Standardabweichung σ_0

Folgt die a-priori Stichprobe einer Normalverteilung, ist die a-posteriori wiederum eine Normalverteilung. Unter der Annahme, dass die Standardabweichung σ_0 bekannt ist, kann der Mittelwert der a-posteriori (aktualisierte) Stichprobe ermittelt werden durch:

$$\mu_n = \left(\frac{\dfrac{\mu_0}{\sigma_B^{\,2}} + \dfrac{n_1 \cdot \mu_1}{\sigma_0^{\,2}}}{\dfrac{1}{\sigma_B^{\,2}} + \dfrac{n_1}{\sigma_0^{\,2}}} \right), \qquad \sigma_B = \frac{\sigma_0}{\sqrt{n_0}} \tag{3.42}$$

Mit der aktualisierten Varianz:

$$\sigma_n^{\,2} = \frac{1}{\dfrac{1}{\sigma_B^{\,2}} + \dfrac{n_1}{\sigma_0^{\,2}}} \tag{3.43}$$

3.6 Zuverlässigkeit von Systemen

Die Versagenswahrscheinlichkeit charakterisiert in der Regel nur die Zuverlässigkeit eines einzelnen Elements in einem System. Jedes System, in unserem Fall ein tausendfach statisch unbestimmtes Tragwerk, hat meistens viele Elemente, wo ein einzelnes oder kombiniertes Versagen zum Einsturz führen kann. So kann ein einfacher Balken auf Biegung oder Schub versagen. Bei statisch unbestimmten Systemen führen meistens erst Kombinationen von versagenden Elementen zum Versagen des Systems.

Es wird zwischen **Serie-System** und **Parallel-System** unterschieden. Die Zuverlässigkeit wird mit dem Buchstaben **R** bezeichnet.

Von einem Serie-System spricht man, wenn die einzelnen Elemente in ihrer Funktion hintereinanderstehen. Somit führt der Ausfall eines einzigen Elementes zum Versagen des Gesamtsystems. Statisch bestimmte Systeme sind allesamt Serie-Systeme. Diese Systeme sind nicht **redundant** und ist an das schwächste Glied gebunden.

Die Zuverlässigkeit eines **Serie-Systems** ist gegeben mit der Wahrscheinlichkeit, dass alle N Elemente des Systems nicht versagen:

$$R = (1 - p_{f1})(1 - p_2)....(1 - p_{fn}) = \prod_{i=1}^{n}(1 - p_{fi}) \qquad (3.44)$$

Daraus ergibt sich die Versagenswahrscheinlichkeit P_f des Serie-Systems:

$$p_{f,Serie} = 1 - \prod_{i=1}^{n}(1 - p_{fi}) = 1 - \Phi_m(\beta, \rho) \approx \sum_{i=1}^{n} p_{fi} \qquad (3.45)$$

47

Ein **Parallelsystem** versagt erst, wenn *alle* einzelnen Komponenten des Systems versagen. Dies kann man ausdrücken als:

$$P_f = p_{f1} \cdot p_{f2} \cdot \ldots \cdot p_{fn} = \prod_{i=1}^{n} p_{fi} \tag{3.46}$$

Falls alle Elemente vollständig korreliert sind, gilt:

$$P_f = \min[p_{fi}] \tag{3.47}$$

Das bedeutet, dass die Versagenswahrscheinlichkeit P_f des Parallel-Systems nicht grösser sein kann als dir Versagenswahrscheinlichkeit P_f des zuverlässigsten Elements des Systems.

Die Versagenswahrscheinlichkeit des Parallelsystems wird auch berechnet als:

$$P_{f,parallel} = \Phi_2(-\beta, 0, R) \tag{3.48}$$

Wobei Φ_2 eine bivariate Gaussverteilung mit Mittelwert 0 und der dazugehörigen Korrelationsmatrix R ist.

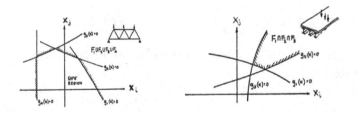

Abbildung 11. Versagensbereich eines Seriesystems (l.) und eines Parallelsystems (r.) [3].

4 Zuverlässigkeitstheorie im Ingenieurbauwesen

In diesem Kapitel werden die Grundlagen für die Zuverlässigkeitstheorie zusammenfassend bezogen auf das Fachgebiet des Ingenieurbaus aufgezeigt. Wiederum werden zuerst die wichtigsten und für das Bauingenieurwesen verwendete Begriffe geklärt. Die verschiedenen Verfahren, welche im Rahmen dieser Arbeit an konkreten Beispielen angewendet wurden, sind ausserdem kurz erläutert. Für weiterführende Ausführungen wird wiederum auf Fachliteraturquellen verwiesen.

Analytische und numerische Anwendungen

Die klassischen Verfahren bei der analytischen formulierten Grenzzustandsfunktion lassen sich mit den bekannten Verfahren der **FORM/SORM** und der **Monte-Carlo-Simulation** bestimmen. Dabei wird zwischen Einwirkung und Widerstand unterschieden. Bei den FORM/SORM-Methoden wird dabei die Grenzzustand mit Hilfe einer Taylor-Reihenentwicklung linearisiert (FORM) oder quadratisch approximiert (SORM). So kann der Sicherheitsindex β und auch die Versagenswahrscheinlichkeit P_f ermittelt werden.

Bei der **Monte-Carlo-Simulation (MCS)** sind ebenfalls die meisten Grössen berechenbar (Mittelwert, Standardabweichung, Schiefe, Kurtosis, Versagenswahrscheinlichkeit). Alle Resultate lassen sich grafisch in einem Histogramm darstellen, was bei der FORM/SORM-Methode nicht möglich ist. Es ist allerdings nur auf einfache Problemstellungen anwendbar, da der Rechenaufwand schnell sehr gross wird.

© Der/die Autor(en), exklusiv lizenziert an
Springer Fachmedien Wiesbaden GmbH, ein Teil von Springer Nature 2023
T. Zeder, *Ein Beitrag zur probabilistischen Nachweisführung von bestehenden Tragwerken mit NLFEM und UQ-Lab*, BestMasters,
https://doi.org/10.1007/978-3-658-42185-4_4

Die oben genannten Methoden wurden im Vertiefungsmodul 1 vertieft behandelt und aufgezeigt [20].

4.1   Begriffe und Definitionen

4.1.1   Zuverlässigkeitsniveau nach Eurocode

Auch der Eurocode unterscheidet zwischen Grenzzustand der Tragsicherheit (GZT) und Grenzzustand der Gebrauchstauglichkeit (GZG). Daraus ergeben sich verschiedene Anforderungswerte an die Versagenswahrscheinlichkeit und den Sicherheitsfaktor. In der untenstehenden Tabelle sind diese Werte, welche aus verschiedenen Ländern stammt, zusammengefasst.

		GZT	GZG
1 Jahr	β	4.7	3.0
	P_f	10^{-6}	$1.35 \cdot 10^{-3}$
50 Jahre	β	3.8	1.5
	P_f	10^{-4}	$6.7 \cdot 10^{-2}$

Tabelle 5. Zielwerte von Sicherheitsindex und Versagenswahrscheinlichkeit, in Abhängigkeit der Grenzzustände **[24]**.

4.1.2 Grenzzustandsfunktion (Limit-State-Function)

In einem Sicherheitskonzept wird aufgrund einer vorhandenen und einer zulässigen Versagenswahrscheinlichkeit vorausgesetzt, dass zwischen den Grössen mit bekannter statistischer Eigenschaft ein funktionaler Zusammenhang besteht. So kann die Versagenswahrscheinlichkeit als Wahrscheinlichkeit für das Auftreten gewisser vorgegebenen Funktionswerten berechnet werden. Dabei wird eine mathematische Bedingung formuliert, welche die Erfüllung der Sicherheit einer Konstruktion garantiert:

$$R - S > 0 \qquad (4.1)$$

Wobei, wie bereits in den vorherigen Kapiteln eingeführt, **S für die Einwirkung und R für den Widerstand** steht. Im speziellen Fall sind R und S statistisch unabhängig und können durch Normal- oder Log-Normalverteilungen beschrieben werden. Die daraus resultierende Versagenswahrscheinlichkeit lautet:

$$P_f = P(R - S < 0) \qquad (4.2)$$

Diese kann anhand einer einfachen Berechnung mit der **Methode der zweiten Momente (FOSM)** einfach berechnet werden. Dies wurde anhand eines einfachen Beispiels mittels Matlab gerechnet und ist im Anhang ersichtlich.

Nimmt man an, dass die stochastischen Eigenschaften von R und S bekannt sind, lassen sich auch die stochastischen Eigenschaften von $Z = R - S$ als Verteilungsfunktion darstellen. Die Wahrscheinlichkeit für das Ereignis (S > R), welches Versagen bedeutet, ist dann der Wert der Verteilungsfunktion an der Stelle Null. **Die Funktion Z nennt man dann Grenz-zustandsfunktion** [24].

4.1.3 Versagenswahrscheinlichkeit

Will man die Sicherheit quantifizieren, braucht es die Ver-knüpfung von Bemessung und Wahrscheinlichkeitsrechnung. Die Sicherheit kann man dann als Wahrscheinlichkeit ausdrü-cken, mit der die Beanspruchbarkeit der Lebensdauer nicht von der Beanspruchung überschritten wird. Die Variablen, welche die Beanspruchung charakterisieren, lassen sich **nicht exakt** festlegen. So müssen diese sogenannten Basisvariablen als **stochastische Variablen** («*random variables*») modelliert werden. Als Basisvariablen gelten Einwirkungen, mechani-sche Eigenschaften, geometrische Grössen, Imperfektion, etc. Es ist zwischen verschiedenen Quellen der Unsicherheit zu unterscheiden [25]:

- Statistische Unsicherheit
- Modellunsicherheit
- Grobe Fehler, menschliches Versagen

Wird also der Zufallsvektor der Basisvariable **X** mit einer da-zugehörigen Dichtefunktion (PDF) $X \sim f_x(x)$ beschrieben, dann ist die Versagenswahrscheinlichkeit P_f definiert als:

$$P_f = P(g(X) \le 0) \tag{4.3}$$

Dies ist die Wahrscheinlichkeit, dass das System sich in der sogenannten «*failure domain*», also dem Versagensbereich befindet. Die Versagenswahrscheinlichkeit wird dann berech-net mit:

$$P_f = \int_{Df} f_x(x)dx = \int_{\{x:g(x)\leq 0\}} f_x(x)dx \qquad (4.4)$$

Diese Gleichung ist in der Regel nicht explizit angegeben und dementsprechend das Integral nicht geschlossen lösbar. Es gibt verschiedene Verfahren, dieses Integral zu lösen (FORM, SORM, MCS, Importance Sampling, etc.). Die Verfahren werden in den folgenden Kapiteln vorgestellt.

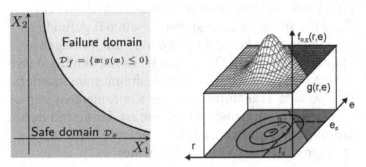

Abbildung 12. Grafische Beschreibung der Versagenswahrscheinlichkeit nach Sudret [25], rechts die räumliche Darstellung nach Heumann [19].

4.1.4 Standardnormalraum

Der für den Ingenieur vertraute Raum ist der Originalraum, wo mit metrischen Einheiten gerechnet wird und alle Nachweise deterministisch geführt werden. Soll man nun aber die Versagenswahrscheinlichkeit in diesem Raum berechnen, gibt dies ein unlösbares Problem. Es ist nicht der Punkt von Interesse, wo die Grenzzustandsfunktion negativ wird, sondern nur derjenige Punkt mit der grössten Versagenswahrscheinlichkeit. Wird dieser Bemessungspunkt x^* einmal gefunden, ist meistens immer noch keine Aussage über die Versagenswahrscheinlichkeit möglich. Deswegen ist es notwendig, dass der metrische Normalraum in den Standardraum transformiert wird. Es ist also eine Transformation des Koordinatensystems notwendig. Dieser n – dimensionale Raum ist definiert durch die standard-normalverteilten Zufallsvariablen $\mathbf{u} = (u_1, u_2, \ldots, u_n)$ mit der untenstehenden Verteilungsdichte:

$$\varphi_n = \frac{1}{\sqrt[n]{2\pi}} \cdot e^{(-0.5\|u\|^2)} \text{ für } -\infty \leq \boldsymbol{u} \leq \infty \qquad (4.5)$$

Dieser weist folgende Eigenschaften auf, welche auch für die FORM-Analysen von Bedeutung sind:

- Der Standardnormalraum ist rotationssymmetrisch und hat auf der Ebene
  $\beta - \boldsymbol{\alpha}^T \cdot u = 0$ ein Maximum der Wahrscheinlichkeit $\mathbf{u}^*$.

- Der Wert β bezeichnet den Sicherheitsindex und ist gleichbedeutend die kürzeste Distanz vom Ursprung zum Grenzzustandsfläche $G(u) = 0$

- Die Versagenswahrscheinlichkeit, also das Ereignis $G(u) \le 0$ kann mit der kumulierten Standardnormalverteilung (CDF) $\Phi(-\beta)$ folgendermassen berechnet werden:

$$P_f = P[G(u) \le 0] = \int \varphi_m(u)du = \Phi^{-1}(-\beta) \qquad (4.6)$$

In der Praxis wird diese Transformation vor allem mit zwei Verfahren durchgeführt. Einerseits mit der NATAF-Transformation, oder alternativ mit dem Verfahren nach Rosenblatt [27]. Beide Verfahren werden im Rahmen dieser Arbeit nicht genauer erläutert.

4.1.5 Transformation des Standards-Normalraums

Gauss'sche Zufallsvariablen spielen in der Theorie der probabilistischen Bemessung eine zentrale Rolle. Diese müssen allerdings transformiert werden und daher muss zuerst der Standard-Normalraum transformiert werden. Diese Transformation ist im Vertiefungsmodul I ausführlich beschrieben worden und wird im Fachjargon als Isoprobabilistische Transformation bezeichnet.

Definition
Der Standardnormalraum mit den normalverteilten Zufallsvariablen $U = (U_1, U_1, ..., U_n)^T$ ist mit der Verteilungsdichte $\varphi(u)$ definiert:

$$\varphi_u = \frac{1}{\sqrt[u]{2\pi}} \cdot e^{(-0.5\|u\|^2)} \qquad (4.7)$$

55

Um die Eigenschaften des Standard-Normalraumes nutzen zu können, ist es notwendig, die Zufallsvariablen $X = (X_1, X_2, ..., X_n)^T$ in die standard-normalverteilten Variablen $U = (U_1, U_2, ..., U_n)^T$ zu transformieren. Die Art der Transformation hängt dabei von der Wahrscheinlichkeitsdichtefunktion $f_x(x)$ und von der Korrelationsstruktur ab.

4.2 Sensitivität der Basisvariablen

Generell ist eine Sensitivitätsanalyse die Bestimmung des **Einflusses einer einzelnen Input-Variable auf die Modell-Antwort $y = M(x)$**. Ausserdem können unwichtige Einflussfaktoren eruiert und so die Dimension des Modells verringert werden. Heutzutage gibt es zahlreiche Methoden, eine Sensitivitätsanalyse durchzuführen, das vorliegende Kapitel bietet dazu einen Überblick, basierend auf Sudret und Marelli [28]:

- **Sample-basierte Methoden:**
  Sie basieren auf einem verfügbaren Monte-Carlo-Sampling des Modells (Input/Output Korrelation in UQ Lab). In diesem Zusammenhang sind die «Standard Regression Coefficients» zu erwähnen, welche in Kapitel 6.4 erläutert werden.
- **Linearisierte Methoden:**
  Diese Methode basiert auf der Annahme, dass das Modell linear ist oder linearisiert werden kann. Bekannte Methoden sind die Perturbationsmethode, Morris-Methode oder die Cotter-Methode, welche im VMI bereits an diversen Beispielen angewendet wurden.

- **Globale Methoden:**
  Diese ziehen die ganze Input-Domain in Betracht. Sie können sich auf verschiedene Eigenschaften des Modell-Outputs beziehen, wie zum Beispiel Varianz oder Verteilung. (Sobol Indices, Kucherenko-Indices). Im Kucherenko Indices sind auch korrelierte Basisvariablen abbildbar. Einige dieser Methoden wurden im Zusammenhang der Anwendung mit «UQ-Lab» angewendet und sind im VM1 ersichtlich [20].

Es werden in Bezug mit der Sensitivitätsanalyse zwei Verfahren, **FORM-Analyse und der Sobol-Indices,** kurz vorgestellt, da diese in den baupraktischen Anwendungen häufig zum Zug kommen. Allerdings gilt dies nur für nicht-korrelierende Basisvariablen.

Man kann die Grenzzustandsfunktion linearisieren mit der Form:

$$g_{FORM}(\xi) = \beta - \alpha \cdot \xi \qquad (4.8)$$

Wobei β der Zuverlässigkeitsindex und α der Einheitsvektor zum Bemessungspunkt ist.
Die linearisierte Grenzzustandsfunktion ist die kürzeste Distanz zwischen Ursprung und Bemessungspunkt.

$$Var[g_{FORM}(\xi)] = \sum_{i=1}^{M} \alpha_i^2 = 1 \qquad (4.9)$$

Wenn die Input-Parameter X voneinander unabhängig sind, dann kann α_i^2 als die Wichtung des i-ten Input-Parameters im Versagensbereich betrachtet werden. Der Vektor γ gibt ausserdem die Wichtung der einzelnen Basisvariablen direkt an.

Ist das Vorzeichen grösser als Null, ist der Wert für die Bemessung als «gefährlich» zu betrachten:

$$\gamma = \frac{\alpha^T J_{u^*,x}.D'}{\left\| \alpha^T J_{u^*,x}.D' \right\|} \qquad (4.10)$$

Wobei D der Standardabweichungsmatrix und $J_{u^*x^*}$ die inverse Jacobimatrix von $J_{x^*u^*}$ ist. Daraus kann die Kovarianzmatrix ermittelt werden:

$$C_x = J_{u^*x^*} \cdot J_{u^*x^*}{}^T \qquad (4.11)$$

So lässt sich bestimmen, in welchem Masse die einzelnen Basisvariablen zur Versagenswahrscheinlichkeit beitragen. Für positive Werte von γ gilt, dass sie dazugehörige Basisvariable als Einwirkung gilt, negative Werte entsprechen den Variablen den Widerständen [16]. Auf die gesamte mathematische Herleitung wird an dieser Stelle verzichtet.

4.2.1 Sobol Indices (ANOVA)

Das Grundprinzip des Sobol-Indices besteht darin, die die polynominale Expansion des Computer-Modells in Summanden mit wachsender Dimension darzustellen. Das Total der Varianzen des Modells wird durch einzelne Therme der Summe der Varianzen zerlegt. Dies ist nur gültig für **unabhängige Input-Variablen** und wird auch ANOVA genannt (**AN**alysis **O**f **VA**riance). Zur Vereinfachung der Notation wird angenommen, dass alle Input-Variablen einheitlich sind und sich im Bereich von [0, 1] befinden.

Sobol Zerlegung

Die Summe der einzelnen partiellen Varianzen ergibt die totale Varianz. Das Mass für die Wichtung/der Sensitivität lautet dann:

$$S_{i1,...i_S} = \frac{D_{i1,...i_S}}{D} \tag{4.12}$$

Der Index zeigt die relative Beeinflussung jeder Gruppe von Variablen $\{X_{i1}, ..., X_{i1}\}$ auf die gesamte Varianz. Dieser wird auch «First-Order Sobol'Index» genannt. Er repräsentiert den Effekt auf die jeweilige Basisvariable X_i. Höhere Sobol'Indices sind zum Beispiel Ausdrücke wie $S_{ij}, i \neq j$, welches Interaktionsindizes sind und den Effekt der Interaktion der einzelnen Variablen X_i und X_j untereinander zeigen.

Der Sobol Indices wird aus dem **PCE-Verfahren (Polynominal Chaos Expansion)** gewonnen und ist das wichtigste Mittel der Ermittlung der Sensitivität, wenn die Grenzzustandsfunktion nicht in geschlossener Form vorliegt. Er wird im Zusammenhang mit der Schnittstelle UQLink – Abaqus sehr oft gebraucht und wird auch im Rahmen dieser Arbeit häufig verwendet. Für weiterführende Literatur wird auf folgende UQLab-Dokumentation verwiesen [28]. Auch dieses Verfahren gilt streng genommen nur für unabhängige und unkorrelierte Basisvariablen.

4.3 Sicherheitsproblem

Das klassische Sicherheitsproblem wird anhand von Schneider [6] kurz aufgezeigt. Es bildet die Grundlage des in den Normen vorherrschenden Bemessungskonzepts. Wie bereits in den vorgängigen Kapiteln ersichtlich, steht man häufig vor der Grenzzustandsfunktion:

$$G(R,S) = R - S = 0 \qquad (4.13)$$

Dabei bezeichnet R den Widerstand und S die Einwirkung. Es wird angenommen, dass diese normalverteilt sind.

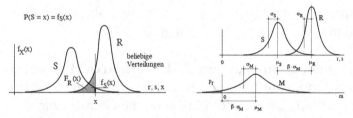

Abbildung 13. Das klassische Sicherheitsproblem nach Schneider [6].

Basler und Cornell beschreiben das Problem als Sicherheitsmarge $M = R - S$. Diese Marge ist ebenfalls eine normalverteilte Variable. Der Mittelwert und die Standardabweichen, welche auch in der untenstehenden Darstellung ersichtlich ist, ergeben sich dann als:

$$\mu_M = \mu_R - \mu_S \qquad (4.14)$$

$$\sigma_M = \sqrt{\sigma_R{}^2 + \sigma_S{}^2} \qquad (4.15)$$

Daraus kann der Sicherheitsindex β ermittelt werden:

$$\beta = \frac{\mu_M}{\sigma_M} \qquad (4.16)$$

Dieser sagt also aus, wie oft die Standardabweichung zwischen Nullpunkt und Mittelwert der Marge M Platz hat. Daraus kann die Versagenswahrscheinlichkeit abgeleitet werden als:

$$P_f = P(M = R - S) \qquad (4.17)$$

$$P_f = \Phi^{-1}(-\beta) \qquad (4.18)$$

Die dazugehörigen Werte sind dabei oft tabelliert oder numerisch ermittelbar. Dies kann zum Beispiel mit folgender *Matlab*-Syntax einfach ermittelt werden:

$P_f = cdf ('normal', \beta, 0, 1)$

Umgekehrt kann aus der Versagenswahrscheinlichkeit der Zuverlässigkeitsindex berechnet werden. Dies mit folgender Matlab-Syntax

$\beta = -norminv(P_f)$

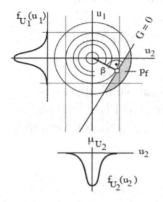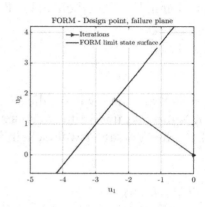

Abbildung 14. Grafische Darstellung der Sicherheitsmarge aus [6] mit FORM-Analyse des Bemessungspunktes aus UQ-Lab.

Daraus können die **Wichtungs- bzw. Sensitivitätsfaktoren** berechnet werden, welche anzeigen, mit welchem Gewicht die entsprechend betrachtete Variable am Wert der Gesamtwahrscheinlichkeit beteiligt ist.

$$\alpha_R = \frac{\sigma_R}{\sqrt{\sigma_R^2 + \sigma_S^2}} \qquad (4.19)$$

$$\alpha_S = \frac{\sigma_S}{\sqrt{\sigma_R^2 + \sigma_S^2}} \qquad (4.20)$$

Dabei gilt: $\qquad \alpha_R^2 + \alpha_S^2 = 1 \qquad (4.21)$

Unter Verwendung der Wichtungsfaktoren gilt:

$$\mu_R - \mu_S = \beta \cdot \sqrt{\sigma_R^2 + \sigma_S^2} = \beta \cdot \alpha_R \cdot \sigma_R + \beta \cdot \alpha_S \cdot \sigma_S \qquad (4.22)$$

Durch Zuweisung der Gleichungsanteile auf Beanspruchung und Widerstand der generellen Grenzzustandsgleichung ergibt sich:

$$R_d = \mu_R - \beta \cdot \alpha_R \cdot \sigma_R \qquad (4.23)$$

$$S_d = \mu_S + \beta \cdot \alpha_S \cdot \sigma_S \qquad (4.24)$$

Entsprechend kann nun der Nachweis der Tragsicherheit geführt werden:

$$R_d \geq S_d \qquad (4.25)$$

4.3.1 Methode Hasofer-Lind

Den entscheidenden methodischen Fortschritt dieses Bemessungsproblems erreichten der Australier *Hasofer* und der Kanadier *Lind* 1974 mit der Transformation der Grenzzustandsfunktion in den bereits erwähnten Standardnormalraum. Sie lösten das sogenannte «Invarianzproblem» [6]. **Diese Methode bildet die Grundlage der Zuverlässigkeitstheorie im Bauwesen.** Dieses Verfahren wird auch als **isoprobabilistische Transformation** bezeichnet.

Dabei werden als erstes die Variablen R und S standardisiert:

$$U_1 = \frac{R - \mu_R}{\sigma_R} \qquad \text{daraus folgt } R = U_1 \cdot \sigma_R + \mu_R$$

$$(4.26)$$

$$U_2 = \frac{S - \mu_S}{\sigma_S} \qquad \text{daraus folgt: } S = U_2 \cdot \sigma_S + \mu_S$$

$$(4.27)$$

Diese neuen Variablen haben den Mittelwert 0 und die Standardabweichung 1.
Die Gerade $G = R\text{-}S$ geht aber, wie in

Abbildung 14 ersichtlich, nun nicht mehr durch den Ursprung.
Deswegen muss diese ebenfalls transformiert werden:

$$G = R - S = \left(U_1 \cdot \sigma_R + \mu_R\right) - \left(U_2 \cdot \sigma_S + \mu_S\right) \qquad (4.28)$$

Die Normale auf G geht durch den Bemessungspunkt B, der Abstand P_0 hat die Länge β. **Je weiter die Gerade vom Ursprung entfernt ist, desto grösser ist β und desto kleiner ist das «abgetrennte» Volumen und somit die Versagenswahrscheinlichkeit.**
Der Abstand der Gerade kann auch mittels der *Hesse'schen Normalform* angegeben werden [6]:

$$A \cdot x + B \cdot y + C = 0 \qquad (4.29)$$

Mit

$$\cos(\alpha_1) = \frac{A}{\sqrt{A^2 + B^2}} \qquad (4.30)$$

$$\cos(\alpha_2) = \frac{B}{\sqrt{A^2 + B^2}} \qquad (4.31)$$

$$h = \beta = \frac{-C}{\sqrt{A^2 + B^2}} \qquad (4.32)$$

Wobei der Winkel α_1 gegenüber u_1, und α_2 gegenüber u_2 entspricht.

Daraus ergeben sich die Koordinaten des Bemessungspunktes mit:

$$u_1^* = \beta \cdot \alpha_1 \qquad (4.33)$$

$$u_2^* = \beta \cdot \alpha_2 \qquad (4.34)$$

Die entsprechende Darstellung im r^*-s^*- Koordinatensystem lautet:

$$r^* = \mu_R - \beta \cdot \alpha_R \cdot \sigma_R \qquad\qquad (4.35)$$

$$s^* = \mu_s - \beta \cdot \alpha_s \cdot \sigma_s \qquad\qquad (4.36)$$

Was wiederum den Bemessungswerten für den Tragsicherheitsnachweis entspricht.

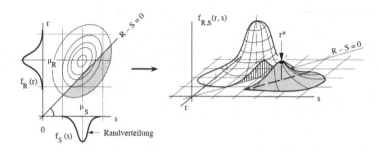

Abbildung 15. Dreidimensionale Darstellung des Versagensbereichs [6].

Diese Methode ist nur für lineare Grenzzustandsfunktionen und unabhängig normalverteilten Basisvariablen gültig. In den restlichen Fällen kann es als gute Näherung betrachtet werden. Kommen mehr als zwei Variablen dazu (was in der Baupraxis quasi immer der Fall ist), sind Verfahren notwendig, welche in den folgenden Kapiteln beschrieben werden.

4.3.2 Partialsicherheitsfaktoren

Aus den vorherigen Zusammenhängen lassen sich die Partialfaktoren ermitteln, welche auch in der Normenreihe SIA 260 ff. auf diese Weise hergeleitet wurden [5].

<u>Normalverteilt</u>

Die Bemessungswerte R_d und S_d beziehen sich auf den Bemessungspunkt. Der Quotient dieser Werte führt zu den Partialsicherheitsbeiwerten γ_R und γ_S. Dabei werden zusätzlich die Quantilfaktoren $k_{p,S}$ und $k_{p,R}$ verwendet:

$$\gamma_R = \frac{R_k}{R_D} = \frac{\mu_R + k_{p,R} \cdot \sigma_R}{\mu_R - \beta \cdot \alpha_R \cdot \sigma_R} = \frac{1 + k_{p,R} \cdot v_R}{1 - \beta \cdot \alpha_R \cdot v_R} \qquad (4.37)$$

$$\gamma_S = \frac{S_D}{R_k} = \frac{\mu_S + \beta \cdot \alpha_S \cdot \sigma_S}{\mu_S + k_{p,S} \cdot \sigma_S} = \frac{1 + \beta \cdot \alpha_S \cdot v_S}{1 - k_{p,S} \cdot v_S} \qquad (4.38)$$

Daraus ist ersichtlich, dass **diese Faktoren nicht unabhängig** sind und beide Partialsicherheitsbeiwerte sind miteinander verknüpft, daher gilt $f(\sigma_R, \sigma_E)$!

Es gibt jedoch in der Praxis verschiedene Einflussgrössen auf Einwirkungs- und Widerstandsseite, welche andere und **unterschiedliche Verteilungen** haben. Dies erfordert eine Erweiterung des Konzepts des Sicherheitsindexes.
Will man einen allgemeinen Sicherheitsindex β berechnen, muss die Versagenswahrscheinlichkeit P_f mit komplexen Berechnungsmethoden durchgeführt werden. Diese Methoden/Algorithmen wurden im VM1 bereits aufgeführt. Für eine ausführliche Herleitung der Partialsicherheitsfaktoren wird ausserdem auf die Dissertation von Hansen verwiesen [29].

4.4   Methoden der Zuverlässigkeitstheorie

Es gibt verschiedene Methoden für die Berechnung, Schätzung oder Approximation der Versagenswahrscheinlichkeit. Im üblichen Fall ist die mit intensiven numerischen Simulationen verbunden. Für eine detaillierte Übersicht sei auf die Literatur von *Melchers* und *Lemaire* [30] verwiesen. Folgende Methoden wurden im Rahmen der Master-Thesis verwendet:

Approximative Verfahren:

- **FORM (First Order Reliability Method):** Iterative, gradient-basierte Suche des Bemessungspunktes. Linearisierung des Versagensbereichs.

- **SORM (Second Order Reliability Method):** "second order refinement", quadratische Approximation des Versagensbereichs.

Simulationsmethoden:

- **Monte Carlo Simulation**
- **Importance Sampling**
- **Subset Simulation**

Metamodel-basierte adaptive Methoden

Metamodel-Methoden basieren auf iterativ gebildete Modelle, welche die Grenzzustandsfunktion in ihrer direkten Umgebung annähern. Die Metamodelle werden mit Hinzufügen der Grenzzustandsfunktion so lange verfeinert, bis ein passendes Konvergenz-Kriterium in Bezug zur Versagenswahrscheinlichkeit gefunden worden ist, bzw. die Versagenswahrscheinlichkeit akzeptabel ist. Zu erwähnen sind die *Polynominal Chaos Expansion* und das *Kriging*, welche im Vertiefungsmodul 1 erläutert wurden und in Kapitel 4.4.7 kurz aufgeführt sind. Sie haben gerade in Verwendung mit FE-Modellen mit streuenden Basisvariablen eine sehr grosse Bedeutung, da sie den Rechenaufwand stark reduzieren und eine sehr gute Annäherung des Input-Output-Verhaltens eines Finite-Element-Modelles erstellen können.

4.4.1 Momentenmethode

Oft sind neben der Versagenswahrscheinlichkeit die beiden ersten Momente (Mittelwert und Standardabweichung) von Interesse (z.b. Verkehrseinwirkung auf Brücke, Pushover-Analyse). Dafür wird die Grenzzustandsfunktion linearisiert. Es ist also für nichtlineare Grenzzustandsfunktionen nur eine Näherungslösung. So wird basierend auf einer Taylor-Reihenentwicklung diese Funktion um den Mittelwert der Basisvariablen linearisiert. Diese Methode wird gemäss *Spaethe* [18] und *Klingmüller* [25] als **F**irst **O**rder **S**econd **M**oment Methode (**FOSM**) bezeichnet.

Diese Methode erfordert die Bildung der partiellen Ableitungen der Grenzzustandsfunktion der einzelnen Basisvariablen. Bei nichtlinearen Grenzzustandsfunktionen kann dies zu erheblichem Rechenaufwand führen. Die Linearisierung wird im Allgemeinen um den Bemessungspunkt, und nicht um den Mittelwert ausgeführt. Dieser muss aber zuerst iterativ bestimmt werden. Der Zuverlässigkeitsindex β ist dabei der kürzeste Normalabstand vom Koordinatenursprung zum Versagenspunkt.

$$\beta = \frac{\mu_G}{\sigma_G} \qquad ; \qquad P_f = \Phi^{-1}\left(-\beta\right) \qquad (4.39)$$

4.4.2 Zuverlässigkeit 1.Ordnung (FORM)

Die FORM-Methode (First Order Reliability Method) nähert die Gleichung 4.73 in drei Schritten linear an:

- Eine isoprobabilistische Transformation des Input-Zu-falls-Vektors $X \sim f_x(x)$ in den Standard-Normal-Vektor $U \sim N(0, I_M)$
- Der Bemessungspunkt U^* im Standardnormalraum (SNS) wird gesucht
- Die Grenzzustandsfunktion wird am Bemessungspunkt U^* linear angenähert und analytisch die Versagens-wahrscheinlichkeit aufgrund der Annäherung bestimmt

Es werden vor allem zwei verschiedene Verfahren verwendet, welche hier aus Platzgründen nicht aufgeführt sind:

-NATAF-Transformation
-Rosenblatt-Transformation

Isoprobabilistische Transformation

Der erste Schritt der FORM-Methode ist, wie bereits oben genannt, die Transformation von X zu U. Die dazugehörige isoprobabilistische Transformation T heisst dann:

$$X = T^{-1}(U) \qquad (4.40)$$

So kann das Integral aus Gleichung 4.71 vom physischen Raum X in den Standard Normalraum U transformiert werden (NATAF-Transformation):

$$P_f = \int_{D_f} f_x(x)dx = \int_{\{u \in \square^M : G(u) \leq 0\}} \varphi_M(u)du \qquad (4.41)$$

Wobei $G(u)$ die Grenzzustandsfunktion und $\varphi_M(u)$ die Standard-Multivariate Verteilung ist.

Graphisch kann dies mit der untenstehenden Abbildung beschrieben werden:

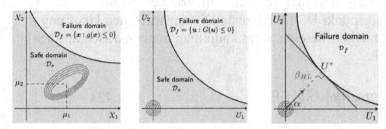

Abbildung 16. Transformation in den Standardnormalraum **[26]**.

Der Bemessungspunkt

Wie bereits in vorherigen Kapiteln erläutert wurde, ist der Bemessungspunkt U^* die kürzeste Distanz zwischen Ursprung und Versagensbereich. Dies kann man mathematisch ausdrücken als:

$$U^* = \arg\min\{\|u\|, G(u) \le 0\} \tag{4.42}$$

Folglich ist der Punkt U^* der Punkt mit der grössten Versagenswahrscheinlichkeit. Die Norm des Bemessungspunktes $\| U^* \|$ ist eine wichtige Variable der Probabilitätstheorie und auch bekannt als Hasofer-Lind-Reliability Index [31].

$$\beta_{HL} = \|U^*\| \tag{4.43}$$

Damit kann die Versagenswahrscheinlichkeit am Bemessungspunkt exakt ausgedrückt werden:

$$P_f = \Phi^{-1}\left(-\beta_{HL}\right) \tag{4.44}$$

Der lokale Sensitivitätsindex Si wird definiert als Quotient von der Varianz der Sicherheitsmarge $g(X) = G(U)$ und dem Gradienten des Designvektors U_i:

$$S_i = \left(\frac{\partial G}{\partial u_i}\Big|_{U^*}\right)^2 / \|\nabla G(U^*)\|^2 \tag{4.45}$$

Daraus folgt nach kurzer Rechnung, dass $S_i = \alpha_i^2$.
Es lassen sich also daraus direkt auch die **Sensitivitätsfaktoren** ermitteln.

Die FORM-Methode wird in der Praxis sehr oft angewendet. Diese Approximation ist jedoch eigentlich nur auf lineare Grenzzustandsfunktionen anwendbar. Nichtlinearitäten können aus verschiedenen Gründen entstehen:

- Nichtlinearitäten in der Grenzzustandsfunktion der Grenzzustandsfunktion im Originalraum
- Nichtlinearitäten in der Transformation $u = u(x)$ bei nicht-normalverteilten Basisvariablen

Allgemein werden aber mit der FORM-Analyse oft genügend genaue Resultate in Bezug auf baupraktische Fragestellungen erzielt.

4.4.3   Zuverlässigkeit 2.Ordnung (SORM)

Die SORM-Näherung nähert die Versagenswahrscheinlichkeit mit einer quadratischen Funktion angenähert. Definiert ist diese Taylor-Näherung bis zum zweiten Glied (Parabolische Annäherung). Dies ist unten dargestellt.

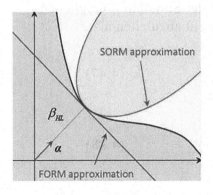

Abbildung 17. SORM-Näherung im Vergleich mit der FORM-Näherung [26].

In der Baupraxis wird dieses Verfahren selten angewendet. Alle Partialsicherheitsfaktoren der Normen sind auf die FORM-Methode (Hasofer-Lind, verbessert durch Rackwitz-Fiessler) zurückzuführen. Deshalb wird dieses Verfahren an dieser Stelle nicht weiter erläutert und nur als Ergänzung zur FORM-Methode im Rahmen dieser Arbeit angewendet.

4.4.4 Monte Carlo-Simulation

Die wohl bekannteste Form der Simulationstechnik ist die Monte Carlo-Simulation (MCS). Sie wird benutzt, um zahlreiche Zufallszahlen zu generieren und daraus dann anhand der durchgeführten Simulationen die Versagenswahrscheinlichkeit zu berechnen. Ist eine Stichprobe der Grösse N mit Zufallsvektor X gegeben, so ist die die Versagenswahrscheinlichkeit:

$$P_{f,MCS} = \frac{1}{n} \sum_{k=1}^{n} 1_{D_f}(x^{(k)}) = \frac{n_{fail}}{n} \qquad (4.46)$$

Es werden also einfach alle Werte, welche im Versagensbereich liegen mit der Gesamtzahl der Simulation verglichen. Daraus ist der Variationskoeffizient abzuleiten als:

$$CV_{P_{f,MCS}} = \sqrt{Var[P_{f,MCS}]} / P_f \approx \frac{1}{\sqrt{n \cdot P_f}} \qquad (4.47)$$

$$\sigma^2_{Pf} = \frac{p_f \cdot (1 - p_f)}{N_{sim}} \qquad (4.48)$$

$$v_{pf} = \sqrt{\frac{p_f \cdot (1 - p_f)}{p_f \cdot N_{sim}}} \qquad (4.49)$$

Der Variationskoeffizient der MCS für die Versagenswahr-scheinlichkeit sinkt also mit dem Faktor $\sqrt{N}$ und steigt hinge-gen mit sinkendem P_f. Als kurzes Beispiel: Um eine Versa-genswahrscheinlichkeit von $P_f = 10^{-3}$ mit einer Genauigkeit von 10% zu erhalten, sind $N = 10^5$ Zufallszahlen notwendig. Die Kovarianz wird also oft als Konvergenz-Kriterium ver-wendet.

Der dazugehörige Sicherheitsindex ist folglich wiederum:

$$\beta_{MCS} = -\Phi^{-1}(P_f) \tag{4.50}$$

Als kurzes Fazit kann man sagen, dass die MCS ein sehr mächtiges Werkzeug ist, solange sie anwendbar ist. Es braucht schnell einmal eine sehr grosse Datenmenge für eine tiefe und somit brauchbare Versagenswahrscheinlichkeit. Mit gegebener Versagenswahrscheinlichkeit von P_f und einem ge-wünschtem Variationskoeffizient v_{pf} kann die Anzahl Simula-tion geschätzt werden:

$$N_{sim} = \frac{1 - p_f}{p_f \cdot (v_{pf})^2} \tag{4.51}$$

Als Beispiel ist für eine geforderten Sicherheitsindex $\beta = 3.7$ $(P_f = 10^{-4})$ und einem Variationskoeffizienten von 10% be-reits knapp 10^6 Simulationen erforderlich sind. Für Praxisan-wendungen ist dies nicht unbedingt geeignet, ausser die Grenzzustandsfunktion ist analytisch vorhanden. Für kom-plexe Problemstellungen wie FE-Modelle ist dieses Verfahren nicht mehr anwendbar, da die Simulationszeit zu lange dauert. Daher werden oft Varianzmindernde Verfahren wie das *Latin-Hypercube-Sampling* verwendet, welches in Kapitel 4.4.6 kurz erläutert ist.

4.4.5 Importance Sampling (IS)

In der Baupraxis rechnet man gewöhnlich mit kleinen Versagenswahrscheinlichkeiten zwischen $P_f = 10^{-4}$ bis 10^{-7}. Das *Importance Sampling* (IS) ist eine Weiter- und Zusammenführung von FORM und MCS, welches die Konvergenz von FORM mit der Robustheit der Monte-Carlos-Simulation kombiniert. Die Grundidee ist also eine verdichtete Generierung von Zufallszahlen um den Bemessungspunkt. Dieser muss allerdings bekannt sein, was eine Schwachstelle dieses Verfahrens darstellt.

$$P_{f,IS} = \frac{1}{N}\exp(-\beta_{HL}^2/2)\sum_{k=1}^{N}\left(1_{Df}(T^{-1}(u^{(k)}))\exp(-u^{(k)}\cdot U^*\right)^2 \quad (4.52)$$

Mit der dazugehörigen Varianz:

$$\sigma_{Pf,IS}^2 = \frac{1}{N}\frac{1}{N-1}\sum_{k=1}^{N}\left(1_{Df}\left(T^{-1}(u^{(k)})\right)\frac{\varphi(u^{(k)})}{\Psi(u^{(k)})} - P_{f,IS}\right)^2$$
(4.53)

Daraus kann wiederum der Zuverlässigkeitsindex β berechnet werden.

$$\beta_{IS} = -\Phi^{-1}(P_{f,IS}) \quad \text{mit den Grenzen} \quad \beta_{IS}^{\pm} = -\Phi^{-1}(P^{\pm}_{f,IS}) \quad (4.54)$$

Es gibt weitere Verfahren wie das *Subset-Sampling*, dies wurde im Vertiefungsmodul I an Beispielen angewendet, ist jedoch nicht Bestandteil dieser Master-Thesis. Für weiterführende Literatur wird auf [25] verwiesen.

4.4.6   Varianzmindernde Verfahren: LHS

Aufgrund der grossen Wichtigkeit auch in Bezug auf die Ermittlung der Versagenswahrscheinlichkeit wird hier kurz das *Latin Hypercube Sampling* (LHS) beschrieben. Es ist ein sehr effizientes Sampling-Verfahren und wahrscheinlich das am weitesten verbreiteten Verfahren in der strukturellen Zuverlässigkeitsanalyse und wird auch in **Zusammenhang mit UQLab (UQLink)** oft verwendet. Bei varianzmindernden Verfahren ist es notwendig, jene Variablen, welche den grössten Einfluss auf die Versagenswahrscheinlichkeit haben, a priori zu kennen. In diesem Bereich werden dann Stichproben generiert. Das LHS ist ein spezieller Typ der Montecarlo-Simulation, welche die Gliederung der theoretischen Verteilungsfunktionen nutzt.

Um den gesamten Bereich aller Zufallsvariablen abdecken zu können, werden die Verteilungsfunktionen aller Variablen in N gleiche, sich überlappende Intervalle unterteilt. Dabei ist N die Anzahl Simulationen.

Die repräsentativen Werte werden dann mit einer inversen Transformation der Verteilungsfunktion ermittelt. Für diese Werte können dann im jeweiligen Intervall Zentralwert (*median*), Mittelwert (*Mean*) oder Zufallswert (*random*) entnommen werden.

Das LHS ist sehr effizient, um Mittelwert und Standardabweichung zu schätzen.

Es wurde Ende der 1970er Jahre durch McKay eingeführt und schnell auf verschiedene Bereiche der Zuverlässigkeitsanalyse ausgeweitet.

Vorteile:

- Relativ geringe Anzahl Simulationen für akkurate Ergebnisse
- Sensitivitätsanalyse als Nebenprodukt (Dominanz der Basisvariablen)
- Anwendung in Bezug mit FEM-Programmen

Nachteile:

- Abhängige Basisvariablen und Korrelationen sind schwierig zu erfassen
- Zufällige Korrelationen können entstehen

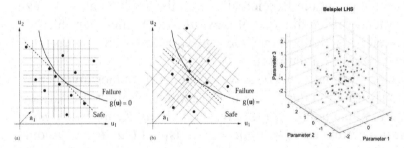

Abbildung 18. LHS im (a) originalen und (b) transformierten Koordinatensystem [31] und dreidimensionaler Darstellung für drei Basisvariablen.

Der gesamte LHS-Algorithmus ist in Sudret [32] dargestellt und wird auch in Moser [33] erwähnt.

4.4.7   Surrogate Modelling

Durch die vermehrte Anwendung von **State-of-the-Art FE-Programmen** werden computerbasierte Simulationen immer komplexer und zeitintensiver. Oft können bei komplexen, nichtlinearen Problemstellungen auch in Zusammenhang mit der Zuverlässigkeitstheorie mehrere Stunden bis Tage dauern. Dies eignet sich für die Praxis nicht, sind schliesslich Sensitivitätsanalysen oder Optimierungen so fast unmöglich. Deswegen eignen sich in diesem Zusammenhang sogenannte approximative Metamodelle (*surrogate models*), um die Rechenzeit und die sogenannten «computational costs» zu minimieren und. Im Rahmen dieser Arbeit werden zwei solcher Surrogate Models verwendet und kurz erläutert. Dabei ist das exakte Verhalten der echten Grenzzustandsfunktion (meistens nicht mehr geschlossen formulierbar) nebensächlich, sondern nur das **Input-Output-Verhalten** ist von Bedeutung:

- Polynominal Chaos Expansion (PCE)
- Polynominal Chaos Kriging (PCK)

Es wird in diesem Unterkapitel nur das generelle Grundgerüst der Verfahren aufgeführt. Für weiterführende Literatur wird auf die User-Manual von UQLab verwiesen [35], Beispiele bezogen auf die Baupraxis sind in [36] zu finden. **Input** können Materialparameter, E-Moduli, Verkehrslasten, etc. sein. **Output** kann ein Biegemoment, eine Spannung, Verformung oder eine Kraft sein.

Kriging (Gauss'sche Prozess Modellierung):

Kriging ist ein stochastischer Interpolations-Algorithmus, welcher annimmt, dass der Output

$y = M(x)$ eine Realisation des Gauss-Prozess ist.

$$M^k(x) = \beta^T f(x) + \sigma^2 Z(x, w) \qquad (4.55)$$

Dabei ist der erste Term der Mittelwert des Gauss Prozess (der Trend). Der zweite Summand beinhaltet die konstante Varianz mit Mittelwert 0 und Standardabweichung 1. Der sogenannte «probability space» wird mit ω repräsentiert.

PCE (Polynominal Chaos Expansion):

Es wird ein Zufallsvektor X, welcher mit den dazugehörigen Verteilungsfunktionen beschrieben ist. Das PCE-Verfahren nähert das FE-Modell mit einer Summe orthonormalen Polynomen an:

$$Y \approx M^{PC} = \sum_{\alpha \in A} y_\alpha \cdot \psi_\alpha(X) \qquad (4.56)$$

Für weiter Ausführungen wird auf die Fachliteratur verwiesen [37], [35].

PCK (Polynominal Chaos Kriging):

Kriging interpoliert die lokalen Variationen der Modellauswertung Y als eine Funktion der benachbarten experimentellen Design-Punkte, das PCE hingegen nähert das globale Verhalten von Y an. Kombiniert man also die beiden Verfahren, resultiert ein exakteres Metamodell. Es kann als Kriging-Modell mit spezifischem Trend interpretiert werden.

$$Y \approx M^{PCK}(x) = \sum_{\alpha \in A} y_{\alpha} \cdot \psi_{\alpha}(X) + \sigma^2 Z(x, \omega) \qquad (4.57)$$

Besonders in Verwendung mit der nichtlinearen FE-Software *Abaqus*, wo eine bestehende Strassenbrücke anhand verschiedenen Grenzzustandsfunktionen untersucht wurde, spielten solche Metamodelle eine grosse Rolle für die Zuverlässigkeits- und Sensitivitätsanalyse. Es werden die obengenannten Verfahren angewendet, um verschiedene Grenzzustandsfunktion basierend auf dem FE-Modell zeitsparend auszuwerten. Mit Surrogate Models können Verfahren wie **FORM, SORM oder IS** angewendet werden, was ein grosser Vorteil für die Verwendung im Bauingenieurwesen ist.

4.5 Probabilistische Bemessung von Brücken

Durch die Einführung verschiedener Richtlinien wie vom ASTRA («Überprüfung bestehender Strassenbrücken mit aktualisierten Strassenlasten») oder der deutschen Richtlinie zur Nachrechnung vom Strassenbrücken im Bestand wird den Ingenieuren die Möglichkeit gegeben, bestehende Bauwerke wie Brücken realistisch zu bewerten. Die Nachweisführung kann dabei in drei oder vier Stufen erfolgen, diese Stufen enthalten dabei auch probabilistische Methoden für Nachrechnung. Es ist zu erwähnen, dass im Bauwesen vor allem die FORM-Analyse, sowie verschiedene Simulationstechniken, beschrieben in [26], [20], angewendet werden. Genauere Verfahren wie SORM werden in der Welt der Baupraxis selten verwendet, da dies nur eine nicht vorhandene «Scheingenauigkeit» hergibt. Im Rahmen dieser Arbeit werden deshalb die FORM-Analyse, die MCS und das AK-MCS verwendet. Für komplexe Verfahren werden Metamodell-basierte Verfahren wie PCE oder PCK angewendet, um den Zeitaufwand für die Zuverlässigkeitsanalyse zu minimieren.

In der obengenannten **Stufe 3/4** der Nachrechnungsrichtlinien ist es möglich, mit der direkten Berechnung der Versagenswahrscheinlichkeit die Zuverlässigkeit eines Bauwerkes zu ermitteln. Die notwendigen ergänzenden theoretischen Grundlagen sind in diesem Kapitel dargelegt. Im Bericht zur Überprüfung bestehender Strassenlasten vom ASTRA [38] wird ein Prinzip zur Überprüfung bestehender Bauwerke aufgeführt. Dabei wird in Stufe 3 von probabilistischen Nachweisen gesprochen. Diese wird folgendermassen beschrieben [38]:

3. Stufe – Detaillierte Überprüfung – probabilistisch

«Für den Nachweis der Tragsicherheit kann eine probabilistische Analyse zweckmässig, nötig oder von wirtschaftlichem Interesse sein. Die für diese Analysen erforderlichen Lasten können die aktualisierten Lastfaktoren nach dem Bericht von ASTRA 1998 bestimmt werden.»

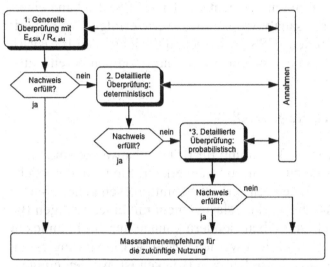

* Diese Überprüfung soll nur durchgeführt werden, wenn der Nutzen den notwendigen Aufwand rechtfertigt

Abbildung 19. Nachweisstufen nach dem Bericht vom ASTRA **[38]**.

4.5.1 Modellierung der Verkehrseinwirkungen

Die Resultate einer Zuverlässigkeitsanalyse sind stark abhängig von den jeweiligen Basisvariablen des Modells. Wie bereits in den Vertiefungsmodulen 1 und 2 erläutert wurde, ist die Grundlage jeglicher probabilistischen Analysen die

Grenzzustandsfunktion, egal ob sie nun **implizit oder explizit** vorliegt. Dabei werden verschiedene Grenzzustände wie Tragsicherheit, Gebrauchstauglichkeit oder Ermüdung unterschieden. Grundsätzlich basiert eine probabilistische Bemessung immer auf vorhanden Messwerte. Da dies oft nur begrenzt zur Verfügung steht, konnte durch intensive Forschungsarbeit Angaben für stochastische Modelle für gewisse Basisvariablen gemacht werden (JCSS). So kann eine Zuverlässigkeitsanalyse ohne Messwerte erfolgen. Hier wird nochmals auf den JCSS verwiesen, die wichtigsten Basisvariablen wurden in den beiden Vertiefungsmodulen bereits aufgeführt [20], [39].

Strassenverkehr generell

Von sehr grosser Bedeutung für Brückenbauwerke sind die Fahrzeuglasten aus dem Strassenverkehr. Sie verändern sich laufend und können sehr grosse Schnittgrössen generieren. Oft kann man die Verkehrslasten nicht mit einer einzigen Basisvariablen beschreiben, sondern können nur mit komplexen Simulationen abgebildet werden. Da diese Einwirkung essenziell für die Zuverlässigkeit von Brücken ist, werden einige Modell aus Boros, Braml und ASTRA zusammenfassend vorgestellt.

Strassenverkehrslasten auf Basis durch Achslasten

Das einfachste Modell, welches auch von *Spaethe* [18] beschrieben wird, basiert auf der Wahrscheinlichkeit der verschiedenen Achslasten. Es wird angenommen, dass 75 % des Verkehrs auf PKW-Lasten gebildet werden. Der Schwerlastanteil für Autobahnen beträgt 6%, für andere Strassen 3%. Es wird ausserdem zwischen Stau und fliessendem Verkehr unterschieden. Für die fahrzeugabstände bei fliessendem Verkehr wird eine Log-normal-Verteilung mit Mittelwert von 70 m vorgeschlagen.

Strassenverkehrsmodell Auxerre

Das bekannteste, aber auch sehr komplexe Modell ist das Auxerre-Modell. Dieses basiert auf Verkehrsmessungen, welche 1986 in der Nähe der französischen Stadt Auxerre durchgeführt wurden. Die in zwei Fahrstreifen separat gemessene Achs- und Fahrzeuggewichte, Achs- und Fahrzeugabstände wurden statistisch ausgewertet und in verschiedene Klassen eingeteilt:

Klasse 1: Fahrzeuge mit 2 Achsen
Klasse 2: Fahrzeuge mit mehr als zwei Achsen
Klasse 3: Sattelschlepper
Klasse 4: Lastzüge

In *Boros* [12] sind zahlreiche verschiedene Verkehrslastmodelle mit statistischen Kenngrössen aufgeführt. Diese werden hier aus Platzgründen nicht aufgeführt.

Probabilistisches Modell

Je nach Grenzzustand ist ein anderer Aspekt der Verkehrsbelastung von Bedeutung. Für den Grenzzustand der Ermüdung beispielsweise ist das gesamte Spektrum der Verkehrslasten infolge Schwerverkehrs relevant. In dieser Arbeit werden Grenzzustände betrachtet, wo die extremalen Einwirkungen massgebend sind.
Wenn keine Verkehrszählung für ein bestimmtes Bauwerk

ausgeführt werden kann, erfolgt die Bestimmung der Verkehrslasten auf Grundlage des Regelwerks (SIA 261). **Für die probabilistische Berechnung wird daher von den charakteristischen Werten der Normen auf die Mittelwerte geschlossen.** Ausserdem müssen Verteilungsfunktionen und Variationskoeffizienten bekannt sein. Die Herleitung dieser Grössen wird in diesem Kapitel kurz und prägnant zusammengefasst. Wie bereits erwähnt sind die tatsächlichen Verkehrslasten und ihre dazugehörigen Beanspruchungen sehr komplex. Daher werden vereinfachende Modell verwendet. Es empfiehlt sich nach *Braml* folgende Kategorisierung:

Abbildung 20. Übersicht und Aufteilung des Strassenverkehrs [37].

Bei der Planung von Brücken in Europa sind Verkehrslasten gemäss Eurocode 1 zusammen mit den jeweils nationalen Anhängen zu wählen. Viele Lastmodell wurden aus dem **Auxerre-Modell** entnommen. In der französischen Stadt wurden Lastmodell aufgrund von zahlreichen Verkehrsmessungen erstellt. Die Verkehrszusammensetzung an diesem Ort widerspiegelt den europäischen Verkehr hervorragend, der LKW-Anteil beträgt dabei 32% auf Fahrspur 1.

Im Grenzzustand der Tragfähigkeit (GZT) ist meistens das Lastmodell 1 (LM1) massgebend, gemäss Eurocode 1 mit Anpassungsfaktoren $\alpha_Q = 1.0$ für die Doppelachse und $\alpha_q = 1.0$ für die gleichmässige verteilte Belastung, handelt es sich um ein Modell mit einer Wiederkehrperiode von 1000 Jahren (99.9% Fraktil). Der daraus berechnete semi-probabilistische Teilsicherheitsbeiwert $\gamma_Q = 1.35$ entspricht dann dem 95 % - Fraktil aller berechneter γ-Werte. In Braml [10] ist ersichtlich, dass das Sicherheitsniveau sehr stark vom Verhältnis der Beanspruchung infolge Eigengewichts und infolge Verkehrslasten abhängt.

Allerdings werden generell die 99.9%-Fraktile als zu konservativ betrachtet. Durch die Modifikation der Anpassungsfaktoren auf $\alpha_Q = 0.8$ werden die Verkehrslasten als 98%-Fraktil (Wiederkehrperiode von 50 Jahren) modelliert. Dafür wurde jedoch im semi-probabilistischen Nachweiskonzept der Faktor $\gamma_Q = 1.5$ gewählt.

Für die probabilistische Modellierung der Verkehrslasten wird im Rahmen dieser Arbeit ein **98%-Quantil** verwendet werden. Dieser Ansatz dürfte leicht auf der sicheren Seite liegen. Die Verkehrslasten werden ausserdem mit einer **Gumbel-Max-Verteilung** modelliert. Es besteht allerdings auch eine sehr gute Übereinstimmung mit der Weibull-Verteilung, diese ist nach oben begrenzt.

Der Quantilwert X_q wird berechnet durch die inverse Verteilungsfunktion:

$$X_q = F^{-1}(q) = u - \frac{1}{a}(\ln(-\ln(q))) \qquad (4.58)$$

Somit kann der Mittelwert aus dem charakteristischen Quantilwert X_q bestimmt werden:

$$\mu_x = X_q + \frac{0.5572}{1.2826} \cdot \sigma_i + \frac{1}{1.2826} \cdot \sigma_i \cdot (\ln(-\ln(q))) \qquad (4.59)$$

Die Standardabweichung σ_i ist dabei unabhängig vom Bezugszeitraum, der Wert q entspricht dem Quantil (0.98 für 98%).

Oft entspricht der Bezugszeitraum der Lastbeobachtung (m Jahre) nicht dem Zeitraum der probabilistischen Betrachtung (n Jahre). Für die zeitabhängige Einwirkung der Verkehrslast, welche mit der Gumbel-Verteilung modelliert wurde, gilt folgende Verteilungsfunktion:

$$k = \frac{n}{m} \qquad (4.60)$$

Daraus ergibt sich die Gumbel-Funktion für dem bezugszeitraum m durch eine Verschiebung auf der X-Achse um den Betrag $ln(k) / a$. Dementsprechend verschiebt sich auch der Mittelwert gegenüber der Ausgangsverteilung. Die Standardabweichung bleibt hingegen gleich. Der verschobene Mittelwert lautet nun:

$$\mu_x = \mu_{Xm} + \frac{\ln k}{a} = \mu_{Xm} + \sigma_x \cdot \ln k \cdot \frac{\sqrt{6}}{\pi} \qquad (4.61)$$

Bei einer Gumbelverteilung entspricht der 98%-Quantilwert für den Bezugszeitraum von einem Jahr näherungsweise dem Modalwert (*mode*) für den Bezugszeitraum von 50 Jahren.

Im Rahmen dieser Arbeit wird auf bestehende Verkehrslastmessungen zurückgegriffen, es wird dabei auf die Dissertation von Braml verwiesen [10]. Die wichtigsten Punkte werden hier aufgeführt. Die Variationskoeffizienten variieren zwischen 8.9% und 10.5 %. **Für die probabilistische Berechnung im Rahmen dieser Arbeit werden die charakteristischen Strassenverkehrslasten der SIA 261 entnommen**

und mit einer Gumbel-Verteilung mit einem Variationskoeffizienten von 15% modelliert.

Meystre und *Hirt* [38] führten Untersuchungen durch, um den tatsächlichen Verkehr auf Brücken mit den α-Faktoren der SIA 261 in Bezug zu setzen. In der untenstehenden Tabelle sind die Resultate der Verkehrsmessungen aus dem Jahre 2003 aufgeführt. Sie entsprechen dem 40 Tonnen-Verkehr. Auch wurde das Auftreten des 44 Tonnen Lastkraftwagen und vereinzelte Überfahrten eines 60 Tonnen Pneukrans berücksichtigt. **Dieses Modell ist auf bestehende Brücken auf Grundlage des tatsächlich auftretenden Verkehrs anzuwenden** [10].

Brückentyp	Querschnitt	Spannweiten	α_{Q1}	α_{Q2}	α_{qi}, α_{qr}
Balken	Kasten	20 – 80 m			0.50
	Zweistegig	20 – 80 m	0.70	0.5	0.40
	Mehrstegig	15 – 35 m			0.40
Platten		8 - 30 m			0.40

Tabelle 6. Brückentypen mit verschiedenen Reduktionsbeiwerten [7].

Die obenstehende Tabelle entspricht auch gleich einem Auszug der Tabelle 1 der SIA 269/1 [7].

In der Richtlinie zur Überprüfung von bestehenden Strassenbrücken mit aktualisierten Strassenlasten wird durch zahlreiche Simulationen deutlich aufgezeigt, dass Schnittkräfte des im Jahr 2003 gemessenen Verkehrs insgesamt 50% tiefer sind als mit dem Verkehrsmodell der SIA 261. Die neue Norm weist deshalb sehr grosse Reserven gegenüber dem heutigen Verkehr auf. Diese sollen gerade bei bestehenden Bauwerken ausgenutzt werden [38].

Weitere Literaturquellen zeigen ähnliche Ergebnisse, so auch die Dissertation von Eichinger [40]. Die Auftretenswahrscheinlichkeit der normgemässen Lastbilder sei in der Realität fast gleich null. Unsicherheiten auf Widerstands- und Einwirkungsseite sind bei bestehenden Brücken viel geringer als bei einem neu projektierten Bauwerk. Eichinger empfiehlt ebenfalls, die Extremwertverteilungen *Gumbel* oder *Weibull* für die Verkehrslasten zu verwenden.

Die brückenspezifische Verkehrslast- und Verteilung können in folgende Gruppen unterteilt werden:

1) Gewöhnliche Verkehrslast, der grösste Beitrag kommt von den schwersten beladenen LKW von 40 – 60 Tonnen
2) Genehmigungspflichtige Schwertransporte mit Gewicht von 50 – 150 Tonnen

Aufbauend auf diesen Gruppen können Lastkombinationen ermittelt werden, wobei verschiedene Lastfälle massgebend sein können:

- Lastkraftwagen allein auf dem 1./2. Fahrstreifen
- Sonderfahrzeug allein auf dem 1./2. Fahrstreifen
- Begegnung von LKW und Sonderfahrzeug auf 1. Und 2. Fahrstreifen

Aus mathematischer Sicht handelt es sich dabei um ein Problem der Extremwertstatistik, wobei die zeitliche Abfolge durch einen Poissonprozess beschrieben ist. Weitere Ausführungen sind in [40] zu finden.

Ermittlung der Extremverteilung

Da die Achslasten von Strassenfahrzeugen von verschiedenen Fahrzeugtypen entstammen, ergibt sich die Wahrscheinlichkeitsverteilung für die Gesamtheit aller Achslasten durch Mischung von Verteilungen. Gemäss [41] kann dies durch folgende Extremwertverteilung dargestellt werden:

$$F_{max} = \exp(-(v_1 - v_{12}) \cdot T \cdot (1 - F_1(q))) \cdot \exp(-(v_2 - v_{12}) \cdot T \cdot (1 - F_2(q))) \cdot \exp(-v_{12} \cdot T \cdot (1 - F_{12}(q)))$$

(4.62)

Dabei bedeutet $F_{max}(q)$ die Extremwertverteilung der resultierenden Schnittgrössen infolge der Verkehrslast. Die anderen Parameter haben folgende Bedeutung:

$F_1(q)$: Verteilungsform der massgebende Schnittgrösse infolge Lastkraftwagen
$F_{12}(q)$: Verteilungsfunktion infolge der Begegnung von Lastkraftfahrzeug und Sonderfahrzeug.
v_1: relative Häufigkeit der Lastkraftwagen im untersuchten Strassenquerschnitt [Kraftfahrzeug/sec], v_2: relative Häufigkeit der Sonderfahrzeuge [Sonderfahrzeug/sec], v_{12}: die Begegnungshäufigkeit von LKW und SFZ. T ist das Untersuchungsintervall in [sec]

Die jeweiligen Parameter können wie folgt berechnet werden:

$$v = \frac{N_d}{h_d \cdot 60 \cdot 60} \qquad (4.63)$$

Wobei N_d die Anzahl Fahrzeuge pro Tag und h_d die verkehrs-reichsten Stunden am Tag sind (i.d.R. 15 Stunden). Das Un-tersuchungsintervall T kann berechnet werden als:

$$T = h_d \cdot 365 \cdot 60 \cdot 60 \qquad\qquad (4.64)$$

Folglich kann die relative Begegnungshäufigkeit v_{12} von LKW und SFZ berechnet werden:

$$v_{12} = v_{21} = v_1 \cdot v_2 \cdot \left(\frac{L_1 + l_1}{V_1} + \frac{L_2 + l_2}{V_2} \right) \qquad (4.65)$$

Dabei beschreiben die Parameter L_1 und L_2 die Länge der Ein-flusslinie für die massgebende Schnittgrösse, aus welcher die maximale Beanspruchung infolge LKF SFZ resultiert. Die Pa-rameter l_1 und l_2 sind Längenabmessung des LKW, bzw. des SFZ, V_1 und V_2 repräsentieren die jeweiligen Geschwindigkei-ten. Dies ist auch in der untenstehenden Abbildung darge-stellt:

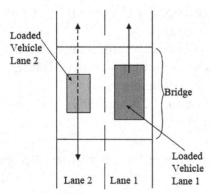

Abbildung 21. Normale Kreuzungssituation von Schwertransport und Lastkraft-fahrzeug [39].

Die Verkehrsgleichlast repräsentiert der neben dem Schwerverkehr auftretenden Personenwagenverkehr, dieser muss ebenfalls berücksichtigt werden. Mit dem oben beschriebenen Verfahren können die Verkehrslasten auf eine Brücke realitätsnah modelliert werden. Auch dieser Ansatz beruht auf Verallgemeinerungen, weshalb trotzdem Unsicherheiten angesetzt werden müssen. Bei der Beurteilung der Zuverlässigkeit eines bestehenden Brückenbauwerkes können die Unsicherheiten durch Verkehrslastmessungen und der Erstellung eines spezifischen Verkehrslastmodells stark reduziert werden (z.b. Weight-in-Motion-Messungen).

Verkehrsmodell in UQLab

Um ein möglichst realitätsnahes Verkehrsmodel abzubilden und in Abaqus zu implementieren, reichen die gängigen Verteilungsfunktion oft nicht aus. In Realität sind die statistischen Verkehrsmodelle oft bimodal, das heisst, sie besitzen zwei Peaks. Dies ist auch in Eichinger vorzufinden [40]. Dort wurde ein Histogramm einer Verkehrsmessung aufgezeigt, welches zwei Spitzen zeigt. Dies ist typisch für LKW-dominierten Verkehr. Die erste Spitze charakterisiert dabei nicht oder nur teilweise beladene Fahrzeuge, während die zweite Spitze die voll beladenen Fahrzeuge aufzeigt. **In UQLab ist es möglich, solche bimodalen Verteilungen in den Basisvariablen zu implementieren. Auch kann aufgrund von bestehenden Messungen eine Verteilung erstellt werden (*Kernel Density Smoothing*).** Wie bereits erwähnt bietet eine Verkehrsmessung die Grundlage:

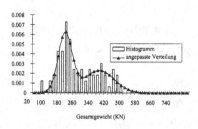 

Abbildung 22. Verkehrsmessungen mit Curve-Fit in Matlab und bimodale Verteilung aus [40].

Daraus kann in Matlab eine Verteilung hineingepasst (*curve fit*) werden. Dies ist in der obenstehenden Abbildung dargestellt.

Da beim *Kernel Density Smoothing* eine Normalverteilung zu Grunde liegt, entstehen beim Curve-Fitting auch negative Werte. Diese können allerdings vermieden werden, indem man in UQLab zusätzlich Grenzen definiert:

```
InputOpts.Marginals(4).Name = 'TR1';   % Ver-
kehrseinzellast 1 in kN
InputOpts.Marginals(4).Type = 'ks';
InputOpts.Marginals(4).Parameters = Tr;
InputOpts.Marginals(4).Bounds = [0, 200];
```

So kann eine **bimodale, realitätsnahe Verteilung des Strassenverkehrs** definiert werden, welche dann wiederum in der Abaqus-Simulation implementiert wird:

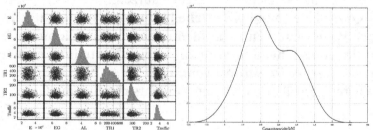

Abbildung 23. Verkehrseinzellast mit eigener Verteilung, modelliert als stochastische Input-Variable.

4.5.2   Modellierung des Widerstandes unter Berücksichtigung von Schäden

Bei der probabilistischen Bemessung ergeben sich gegenüber der semi-probabilistischen Bemessung nun zahlreiche Vorteile. Bei den Abmessungen des Querschnitts beispielsweise können die tatsächlichen Abmessungen und ihre Streuung berücksichtigt werden.
Vor allem bei **Bauwerken mit grossen Querschnittsabmessungen** ergeben sich hier grosse Vorteile. Allgemein können mit der probabilistischen Methode auf der Widerstandsseite sehr viele Reserven herausgeholt werden.

4.5.3   Modellierung von Schäden

Viele bestehende Brückenbauwerke weisen Schäden auf, welche Einfluss auf die Tragfähigkeit des Bauwerks haben. Schäden werden oft regelmässig in Berichten dokumentiert. Mit einer probabilistischen Berechnung besteht die Möglichkeit, Abplatzung oder Korrosion im stochastischen Modell mit Zufallsfeldern zu berücksichtigen. Im Vertiefungsmodell II wurden verschiedene Grade der Korrosion untersucht. Diese werden mit einer Abnahme der Bewehrungsfläche und der Druckfestigkeit modelliert und sind im VMII aufgeführt [39] und basieren auf Braml [10].

4.5.4 Modellunsicherheiten – Widerstand

Bei Modellunsicherheiten auf der Widerstandseite wird grundsätzlich zwischen **stochastischen und mechanischen Modellen** unterschieden. Ungenauigkeiten des stochastischen Modells werden von mathematischen Vereinfachungen bestimmt. Aus Gründen der Vereinfachung oder fehlenden Kenntnissen kann es dort gewisse Ungenauigkeiten geben [42].

Für biegebeanspruchte Stahlbetonbauteile sind Grenzzustandsfunktionen für ein Tragwerksversagen und zugehörigen Modellunsicherheiten klar definierbar. Im Gegensatz dazu gibt es bei der Formulierung des mechanischen Modells vor allem bei der Querkrafttragfähigkeit immer noch grosse Unsicherheiten.

Liegen klare mechanische Modelle vor, können stochastische Modelle gegebenenfalls angepasst werden.

4.5.5 Modellunsicherheiten - Einwirkung

Auf der Einwirkungsseite sind die Modellunsicherheiten oft viel grösser als bei Widerstand. Oft müssen bei der Berechnung der Schnittgrössenberechnung Vereinfachungen gemacht werden (unterschiedliche Steifigkeiten, Rissbildung, Lagerungsbedingungen, ...). Schnittgrössen sind im Vergleich zum Widerstand nicht direkt messbar.

Dabei hat die Wahl des stochastischen Modells einen sehr grossen Einfluss auf das Zuverlässigkeitsniveau. Anhaltswerte für Modellunsicherheiten sind im JCSS [2] zu finden. Erfolgt eine genaue Berechnung der Schnittgrössen (z.B. bei einer mehrstegigen Plattenbalkenbrücke) können Unsicherheiten entsprechend reduziert werden (Damit auch die Partialsicherheitsfaktoren).

4.5.6   Nachweisstufen

Die deutsche Richtlinie zur Nachrechnung von Brücken [43] schlägt vier Stufen zur Nachrechnung von bestehenden Strassenbrücken vor, wobei die vierte Stufe probabilistische, wissenschaftliche Methoden vorsieht. **Der Nachweis ausreichender Tragsicherheit darf dabei durch direkte Ermittlung der rechnerischen Versagenswahrscheinlichkeit ermittelt werden.**
Die Stufe 4 kann ausserdem mit Stufe 2 und 3 kombiniert werden. Dies ist in der untenstehenden Abbildung dargestellt. Auch wird darauf hingewiesen, dass diese Verfahren nur im Sonderfall und in Abstimmung mit den Strassenbehörden der Länder anzuwenden sind.

Sicherheitskonzept	Level	Zuverlässigkeitsmaß	Berechnungsmethoden
Deterministisch	0	Globaler Sicherheitsfaktor v	Empirische Methoden
Semi-probabilistisch	1	Teilsicherheitsbeiwerte γ	Verfahren der Grenzzustände, Kalibrierung
Probabilistisch Näherung	2	Zuverlässigkeitsindex β	Momentenmethode, First Order Reliability Method (FORM), Second Order Reliability Method (SORM), Anwortflächenverfahren
Probabilistisch „exakt"	3	Versagenswahrscheinlichkeit P_f Überlebenswahrscheinlichkeit P_s	Monte-Carlo Methode, numerische Integration
Ökonomisch optimal	4	Zulässige Versagenswahrscheinlichkeit P_f Erforderlicher Zuverlässigkeitsindex erf. β	Optimierungsverfahren unter Einbezug ökonomischer Daten mit den Methoden von Level 2 und 3

Abbildung 24. Sicherheitsstufen im Bauwesen [10].

Wie bereits erwähnt werden in der Dokumentation «Überprüfung bestehender Strassenbrücken mit aktualisierten Strassenlasten» des ASTRA [38] generell drei Nachweisstufen aufgeführt. Führt die erste Stufe zu keinem positiven Resultat, kann
die zweite Stufe ausgeführt werden. Dort werden auf der Ein-
wirkungs- und Widerstandsseite aktualisierte Werte eingesetzt. Falls diese Stufe ebenfalls zu keinem positiven Resultat
führt, kann «unter zusätzlicher Kenntnis» über den untersuchten Fall, eine probabilistische Analyse durchgeführt werden.
Dies ist unten schematisch dargestellt.

Die 3.Stufe aus
Abbildung 24 wird im Rahmen dieser Arbeit auf ein konkretes Beispiel angewendet, da die beiden ersten Stufen nicht erfüllt sind. Die probabilistische Analyse fordert allerdings
Messungen am Tragwerk. Dies kann von wirtschaftlichem Interesse sein. Mit einer Risikoanalyase können Massnahmen
und deren Effizienz berechnet werden und somit ein notwen-
diger Zuverlässigkeitsindex bestimmt werden.

Das sogenannte **Level 4** ist offen für jeden Detaillierungsgrad
und sollte immer als Referenz verwendet werden. Die unteren
sogenannten «low-level» sind immer Vereinfachungen der
höheren Level. Unter Verwendung der höheren Level lassen
sich fast immer bessere Kenntnisse gewinnen. Die Norm ist
also nicht immer nur konservativ, da das Design aus den
«Low-levels» nicht dem Zuverlässigkeits-Design entspricht
[44]. Diese wurde im Anhang F an einem konkreten Beispiel
aufgezeigt.

4.5.7   Teilsicherheitsbeiwerte

Wie in den vergangenen Kapiteln und im Vertiefungsmodul 1
bereits erläutert wurde, erlauben probabilistische Zuverlässig-
keitsbewertungen die Berücksichtigung von Unsicherheiten in

Planung, Bemessung, Ausführung und Erhaltung. Allerdings ist die Akzeptanz dieser Methoden sehr gering, da das dahinterstehende mathematische Modell für den in der Praxis tätigen Ingenieur oft abschreckend ist. Eine höhere Akzeptanz kann einerseits durch vereinfachte Verfahren für die Bestimmung der Zuverlässigkeit oder durch die systematische Angabe von stochastischen Modellen für Eigenschaften, Lastmodelle, Materialien etc. erreicht werden. **Um die normspezifischen Nachweisroutinen zu behalten, ist für die Praxis die Methode der Anpassung von Teilsicherheitsfaktoren des semi-probabilistischen Nachweisverfahren sehr geeignet** Diese Methode wurde im Vertiefungsmodul II auf Basis von [45] kurz erläutert:

- Methodische Vorgangsweise für probabilistische Betrachtungen (Stahlbeton-Bauweise)
- Anpassung des Zuverlässigkeitsniveaus auf verbleibende Restnutzungsdauer
- Methode zur Anpassung der Teilsicherheitsbeiwerte des semi-probabilistischen Nachweisverfahrens auf Basis stochastischer Modelle
- Anwendung von herkömmlichen FE-Softwares mit angepassten Teilsicherheitsbeiwerten

4.5.8 Zuverlässigkeit vs. Restnutzungsdauer

Die probabilistischen Analysemethoden erlauben die Berücksichtigung von Informationen aus bestehenden Strukturen und erlauben genau deswegen auch die Berücksichtigung einer verkürzten geplanten Lebensdauer. Eine solch verkürzte Lebensdauer ist ein Argument, um die **Maximalwerte der veränderlichen Einwirkungen** zu reduzieren. Damit können je nach Betrachtungszeitraum angepasste Modelle von zum Beispiel Verkehrslasten verwendet werden. Dies kann mittels kleinerer und angepassten Teilsicherheitsbeiwerte berücksichtigt werden, was auch zu einer Reduktion des geforderten Zuverlässigkeitsindex β für den verbleibenden Zeitraum führt. Da die meisten Lastmodelle bestehender Brücken nicht mehr den heutigen Anforderungen entsprechen, ist die Erhöhung des Zuverlässigkeitsindex mit sehr hohen Kosten verbunden. Ergebnisse von Untersuchungen der Tragsicherheit und Gebrauchstauglichkeit von bestehenden Bauwerken kann zu folgenden Resultaten führen:

- Unterschreitung des minimalen Zuverlässigkeitsindex, Bauwerk muss gesperrt und abgebrochen werden. Der Index l steht für «low» und markiert die unterste Grenze des Zuverlässigkeitsniveaus

$$\beta \le \beta_l \tag{4.66}$$

- Unterschreitung einer kritischen Schranke des Zuverlässigkeitsniveaus. Der Betrieb muss eingeschränkt werden, durch Sanierungsmassnahmen kann die ursprüngliche Nutzung wiederhergestellt werden (Index r steht hier für «repair»):

$$\beta_l \le \beta \le \beta_r \tag{4.67}$$

- Es gibt keine Unterschreitung des erforderlichen, definierten Zuverlässigkeitsniveaus. Der Betrieb bleibt uneingeschränkt.

$$\beta_r \ge \beta \tag{4.68}$$

Der Zuverlässigkeitsindex wird wie in den vorgegangenen Kapiteln abhängig vom Grenzzustand und dem Betrachtungszeitraum definiert.

Definitionen für die untere und obere Grenze lauten [45]:

$$\beta_l = \beta - 1.5 \qquad\qquad (4.69)$$

$$\beta_r = \beta - 0.5 \qquad\qquad (4.70)$$

Das Zuverlässigkeitsniveau für n = 1 Jahr kann auf Basis der Versagenswahrscheinlichkeit p_{f1} auf beliebige Anzahl Jahre erweitert werden:

$$(1 - P_{f,n}) = (1 - P_{f,1})^n \qquad\qquad (4.71)$$

Handelt es sich um relativ kleine Versagenswahrscheinlichkeiten, kann die Berechnung von $P_{f,n}$ erfolgen als:

$$P_{f,n} = P_{f,1} \cdot n \qquad\qquad (4.72)$$

Die Abhängigkeit von Zuverlässigkeitsindex und Restnutzungsdauer wurde in Excel ausgewertet und grafisch geplottet. Auf der untenstehenden Darstellung ist der Sicherheitsindex in Funktion der Restnutzungsdauer repräsentativ für die Bauwerksklasse 3 dargestellt. Auch ersichtlich sind die beiden Level *«repair»* und *«low»*.

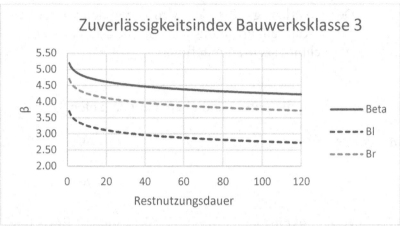

Abbildung 25. Zuverlässigkeitsniveau infolge Restnutzungsdauer für die Bauwerksklasse 3.

Inverse Bestimmung von Teilsicherheitsfaktoren

Die Grundlage für die inverse Ermittlung von Teilsicherheitsbeiwerten ist die Grenzzustandsfunktion. Die Ermittlung erfolgt in folgenden Schritten:

- Aufstellung der Grenzzustandsfunktion aus dem Bemessungsmodell
- Beschreibung der Eingangsgrössen in Abhängigkeit von Teilsicherheitsbeiwerten und der gesuchten Grösse des Bemessungsmodells.
- Formulierung der probabilistischen Grenzzustandsfunktion in Abhängigkeit von Teilsicherheitsbeiwerten – Substitution der streuenden Basisvariablen durch deren auf Teilsicherheitsbeiwerten basierten Formulierung
- Definition des Zielzuverlässigkeitsindex
- Iterative Anpassung bis zur Erfüllung der Zielzuverlässigkeit.

- **Semi-Probabilistische Nachweisführung mit den aktualisierten Teilsicherheitsbeiwerten.**

Die wurde in Moser et al. [45] anhand des Querkraftwiderstandes einer Brücke an einem direkten Beispiel aufgezeigt. Allgemein ist bei älteren Bauwerken der Querkraftwiderstand oft nicht eingehalten, da zur damaligen Zeit das Modell noch zu wenig erforscht war und die veränderlichen Lasten (z.B. Verkehr) ständig anstiegen.

Auch im Rahmen dieser Arbeit wurde dies angewendet. Dabei wurde ein Input-Output-Verhalten eines FE-Modells mit einem Surrogate Modell approximiert. Aus der daraus resultierenden **FORM-Analyse** können darauf wiederum angepasste Teilsicherheitsbeiwerte verwendet werden:

$$r_d = \mu_r - \beta \cdot \alpha_r \cdot \sigma_r \tag{4.73}$$

$$\gamma_m = \frac{r_k = f_{y,k}}{\mu_r - \beta \cdot \alpha_r \cdot \sigma_r} \tag{4.74}$$

Dabei erhält man den Zuverlässigkeitsindex β und den Wichtungsfaktor α aus FORM-Analyse und kann somit die Bemessungswerte bestimmen.

5 Stochastische Finite Elemente

In der vorliegenden Master-Thesis, den Vertiefungsmodulen I und II und in den betrachteten Tragwerksanalysen spielt die Methode der Finiten Elemente (FEM) eine zentrale Rolle. Deshalb werden in diesem Kapitel die wichtigsten Punkte bezüglich FE-Berechnung im Bauingenieurwesen kurz und prägnant aufgeführt. Ausführlicher wurde dies bereits im Vertiefungsmodul II [39] oder in Thoma [46] beschrieben. Bei der **Deformationsmethode** (engl. *Direct Stiffness Method*) werden Tragwerke diskretisiert und in Knoten und Freiheitsgraden zerlegt. Durch Aufstellen einer kinematischen (oder statischen) Matrize wird das statische System definiert, über die Steifigkeitsmatrix und den aufgebrachten Kräften numerisch gelöst. So wird in diesem Fall ein Tragwerk in verschiedene Knoten diskretisiert und es wird Gleichgewicht an jedem dieser Knoten aufgestellt. So werden in FE-Programmen auch Platten gelöst, allerdings hat man dort eine sehr grosse Anzahl Knoten, je nach Einteilung des FE-Netzes. Auch wird der Lösungsalgorithmus aufgezeigt. Dies ist die Grundlage für die Zuverlässigkeitsanalyse mit Finiten-Element-Programmen.

5.1 Diskrete Tragwerksmodelle

Tragwerke sind oft äusserst komplexe physikalische Objekte, deren Reaktionen auf äussere Einwirkungen wie Wind, Erdbeben, Schwinden etc. durch kontinuierliche Funktionen auf Materialpunktebene formuliert werden. Nur wenige der dabei resultierenden Differentialgleichungen sind analytisch lösbar. Daher wird ein Tragwerk diskretisiert und somit mit einem Modell angenähert. Das diskrete Tragwerksmodell besteht aus

Elementen und Knoten. **Daher wird eine 3D-Modell mit einem 2D-Modell vereinfacht und angenähert. Unten ist ein Beispiel für ein 2D- und 3D-Tragwerksmodell aufgeführt.**

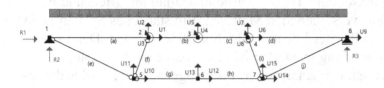

Abbildung 26. Statisches System mit Knotenbezeichnungen und Freiheitsgraden für einen unterspannten Träger (Allplan 2021).

Computerstatik von Tragwerken

Das Konzept der Computerstatik (bzw. der Deformationsmethode) umfasst folgende Schritte:

1. Das Tragwerk wird durch ein Berechnungs-Tragwerksmodell abgebildet, welches aus Knoten und Elementen besteht.
2. Das Last-Verformungsverhalten der verwendeten Elemente ist in Funktion der diskreten Knoten- und Elementvariablen analytisch oder numerisch beschreibbar.
3. Die resultierenden Gleichungen sind in Funktion der statisch oder kinematische Knotenvariablen formuliert und können mit Hilfe des Computers gelöst werden.
4. Die Tragwerksantwort basiert auf der Knoten-Verformungsbeziehung der zugrundeliegenden Elemente.

Für weiterführende Literatur wird auf die Skripte und Bücher von Thoma [46] und Ferreira [47] verwiesen.

5.2 Lösungsalgorithmus

Anbei wird der Lösungsalgorithmus der Deformationsmethode präsentiert. Dieser wurde in Matlab integriert und besteht aus verschiedenen Matrizen. Ein statisches System kann also mithilfe der linearen Algebra gelöst werden. Der Vorteil der Einbindung in Matlab ist, dass man danach problemlos Zuverlässigkeitsanalysen mit den sogenannten m.-files durchführen kann. Dies, indem man streuende Basisvariablen einführt und danach den Code mit UQ Lab verknüpft. Das Vorgehen soll veranschaulichen, wie die durch FE-Programmen Zuverlässigkeitsanalysen durchgeführt werden können. Das Prinzip mit einer externen FE-Software ist dasselbe und wird in Kapitel 3.4 näher beschrieben.

Statisch bestimmte Systeme

Bei statisch bestimmten Systemen hat die Steifigkeit (und dementsprechend die Kinematik der Struktur) keinen Einfluss auf die Schnittgrössen. Deswegen können die Schnittkräfte Q_f über die **Inverse** der statischen Matrix B_f gelöst werden. P_f bezeichnet die Knotenlasten.

$$Q_f = B_f^{-1} \cdot P_f \qquad (5.1)$$

Lösungsalgorithmus allgemein

Folgend wird der definitive verallgemeinerte Algorithmus der Deformationsmethode aufgeführt. Somit können statische Berechnungsmodelle analysiert werden. Dieser Algorithmus wurde in Matlab implementiert und an zahlreichen Beispielen angewendet. Die Codes für die angewandten Beispiele sind im Anhang aufgeführt. Eine grafische Interpretation des Lösungsalgorithmus wurde im VM2 aus Thoma [46] aufgeführt.

Schritt 1: Berechnung der kinematischen Matrix A_f («das statische System)

Schritt 2: Berechnung der globalen Steifigkeitsmatrizen Ks und des initialen Knoten-Kraftvektors P_0

$$K_s = A_f^T K \cdot A_f \qquad (5.2)$$

$$P_0 = P_{wf} + A_f^T Q_0 + A_f^T K \cdot V_d \qquad (5.3)$$

Schritt 3: Lösen des Gleichungssystems:

$$P_f - P_0 = K_S \cdot U_f \quad \rightarrow \quad U_f \qquad (5.4)$$

Schritt 4: Bestimmen der Stabenddeformation

$$V_f = A_f \cdot U_f + V_d \qquad (5.5)$$

Schritt 5: Bestimmen der Elementar-Stabendkräfte

$$Q_f = K \cdot V_f + Q_0 \qquad (5.6)$$

Schritt 6: Berechnen der Schnittgrössen M/N/V mithilfe von Q_f

Schritt 7: Berechnen der Auflagerreaktion mithilfe von Q_f

$$P_d = B_d \cdot Q_f + P_{dw} \qquad (5.7)$$

Schritt 8: Kontrolle des globalen Gleichgewichts.

5.3 Verlinkung mit UQ-Lab (UQ-Link)

In der heutigen Bemessung wird vor allem die Methoden der Finiten Elemente (FEM) angewendet. Dabei wurde das grobe Vorgehen im vorherigen Kapitel beschrieben. Da in dieser Methode numerische Lösungen von Partiellen Differential-gleichungen vorliegen, ist das Aufstellen einer Grenzzu-standsfunktion als mathematische Gleichung nicht mehr mög-lich. Allerdings ist es machbar, Unsicherheiten in Form von streuenden Basisvariablen in ein FE-Modell einzufügen und mit varianzmindernden Sampling-Verfahren (LHS) verschie-den Outputs zu generieren. **So ist die Bestimmung der Versagenswahrscheinlichkeit und damit des Zuverlässigkeitsindex möglich.**
Mit UQLink kann eine Third-Party-Software, in Rahmen die-ser Thesis die Software *Abaqus*, verknüpft werden.
In diesem Kapitel soll nun das Vorgehen aufgezeigt werden, wie mit Unsicherheiten auf Einwirkungs- und Widerstandssei-ten umzugehen ist. Dabei wird das generelle Vorgehen grob erklärt. Dann wird das Vorgehen auf die Deformationsme-thode angewendet, was die Basis aller Finiten-Element-Be-rechnungen darstellt. Die Verlinkung mit der Deformations-methode passiert Matlab-intern und braucht keine Verlinkung. Weiter wird das Vorgehen der Verlinkung mit Abaqus eine zentrale Rolle dieser Thesis einnehmen. Beide «Work-Flows» sind in grafischer Form im Anhang dargestellt.

Das physikalische Modell kann dabei als Black-Box betrach-tet werden. Dies, obwohl ein FE-Modell nie eine solche sein sollte und immer zu plausibilisieren ist! Der Begriff «Black-Box» wird hier mehr formell verwendet, da aus einem Input-File ein Output-File realisiert wird:

$$y = M(x) \qquad\qquad (5.8)$$

Dabei ist **x** der Inputvektor mit den Basisvariablen und **y** die Modellantwort. Das Modell ist in einfachster geschlossener Form eine mathematische Gleichung, in den meisten Fällen aber in numerisches FE-Modell.
Generell werden folgende drei Schritte angewendet:

1. Pre-Processing
In diesem Schritt wird das Modell erstellt. Oft wird dies mit Hilfe eines *Graphical User Interface* (GUI) erstellt, so wird interaktiv das Modell aufgebaut. Es werden also die Geometrie, Randbedingungen, Materialien, das FE-Netz und die Lasten definiert.

Abbildung 27. Beispiel eines räumlichen FE-Modells und eines Stabmodells (Abaqus FEA).

2. Analyse

In diesem Schritt wird die Analyse des physikalischen Modelles ausgeführt. Dies ist der Hauptteil der Analyse, welcher als «Black-Box» betrachtet werden kann. Es werden also die Schnittgrössen berechnet, indem an jedem Punkt de FE-Netz Gleichgewicht erstellt wird und die Steifigkeit der jeweiligen Elemente berücksichtigt wird.

3. Post-Processing

Hier werden die Resultate interpretiert und ausgewertet. Dies wird im Fall von UQLink in Matlab gemacht, indem das Text-File der gewünschten Output-Parameter ausgewertet wird.

Dieses Vorgehen braucht ein oder mehrerer Input-Files (.inp) welche ein Outputfile generieren. Im Fall von Abaqus ist dies ein .dat-file.

Weiter ist ein Befehl (*command-line*) notwendig. Dieser ist im Fall von Abaqus:

```
ModelOpts.Command = 'abaqus job=Bridge_el cpus=3
interactive'
```

Bei hoher Computerleistung können auch mehr CPU's dazu genommen werden.

Um die Werte des Output-Files zu lesen und interpretieren, ist ein Parser in Form eines Matlab-Files notwendig. Dieser und weitere Codes sind im Anhang zu finden. Zusammenfassend kann also das Vorgehen wie folgt zusammengefasst werden:

1. **Input-Parameter (Basisvariablen)** definieren und das experimentelle Design (DOE) definieren. Weiterführende Literatur zum DOE ist in den Vorlesungsunterlagen von Steiner-Curtis zu finden [48].
2. **Erstellen und Bearbeiten des Input-Files** (Template-File) und einfügen der Command-Line in Matlab
3. **Ausführen der Third-Party-Software** mit den bereitgestellten Files
4. **Rückführung und Interpretation der Daten** des OutputFile von Abaqus
5. **Durchführung von Zuverlässigkeitsanalysen** mit der Modellantwort Y.

Für eine ausführlichere Dokumentation der Schnittstelle von UQLink wird an dieser Stelle verzichtet und auf das User-Manual verwiesen [49]. Ausserdem wurde eine ausführliche Anleitung für die Ausführung von Zuverlässigkeitsanalysen mit Abaqus und UQLink erstellt, bezogen auf baupraktische Fragestellungen [50].

5.3.1 UQLab – Deformationsmethode

Eines der grossen Ziele des Master-Studiums ist die probabilistische Analyse von statischen Systemen mit FE-Methoden. Daher wurde als erster Schwerpunkt ein programmierter Lösungsalgorithmus der Deformationsmethode mit UQLab verknüpft, um Zuverlässigkeitsanalysen durchzuführen. Grundsätzlich ist folgendes Verfahren anzuwenden:

Die Deformationsmethode (engl. Direct Stiffness Method) kann mit einem «wrapper» in UQ Lab eingebunden werden. Dabei wird folgendes Schema (Pseudo-Code) verwendet:

```
function Y = DefMet_USP(X)

Lösungsalgorithmus Deformationsmethode

...

%Globale Steifigkeitsmatrix%
Ks = Af'*K*Af;

%Knotenverschiebungen
Uf = Ks^(-1)*(Pf-Pwf-Af'*Q0);

%Berechnung Stabkräfte%
Q=K*V+Q0;

%% Limit State Function (Durchbiegung)

Y = (L)/300-Uf(2);
end
```

In diesem Fall ist die Grenzzustandsfunktion eine Durchbiegungsbegrenzung (l/300).
Dies wird in einem separaten Matlab-File erstellt. Das probabilistische Modell mit allen Basisvariablen, Copulas (Berücksichtigung der Korrelationen) und Analysen wird dann wiederum in einem eigenen Matlab-File ausgewertet.

Die erste Zeile verweist auf das Matlab-File, wo der Lösungsalgorithmus der Deformationsmethode integriert und «gewrappt» ist (siehe auch Pseudo Code). Dies entspricht in diesem Fall dem m-file 'DefMet_Usp'. Da wir es bei der Deformationsmethode mit Matrizen und nicht mit einzelnen Vektoren zu tun haben, muss der Befehl **«false»** bei **«vectorized»** eingegeben werden, ansonsten werden riesige Vektoren in die Matrizen einbezogen und die Dimensionen der jeweiligen Matrizen stimmen nicht überein.

Diverse Codes von baupraktischen Beispielen sind im Anhang ersichtlich.

Zusammenfassend kann man sagen, dass wenn ein FE-Code als *m-file* vorliegt, es sehr einfach ist, das Modell in UQLab einzubinden. Dies hat mehrere Vorteile:

- Ein komplexes Modell kann mittels einfacher Stabstatik vereinfacht und plausibilisiert werden
- Es ist kein sogenannter «Parser» notwendig, da der Lösungsalgorithmus und die «Grenzzustandsfunktion» bereits in einem m.-File existieren, auch wenn diese nicht geschlossen lösbar ist.
- Es können einfache statisch unbestimmte Stabsysteme probabilistisch untersucht werden

Die Deformationsmethode bietet die Grundlage aller Finite-Element-Programme, es führt zu numerischen Lösungen von Partiellen Differentialgleichungen. Ein Netz (*mesh*) wird generiert, das Tragwerk somit diskretisiert und an den Knotenpunkten wird Gleichgewicht aufgestellt. Deshalb wurde es vom Autor dieser Arbeit als besonders wichtig empfunden, dies sauber über Matlab zu programmieren und mit UQ Lab zu verknüpfen, bevor eine Third-Party-Software einbezogen wird. Allerdings stösst man dabei schnell an Grenzen, da bei komplexen Systemen der Zeitaufwand für die Matrizenaufstellung schnell sehr gross wird und die Plausibilisierung nur mit einer dritten Software geprüft werden kann. Deswegen sollen auch Third-Party Softwares wie Abaqus mit UQ-Lab verknüpft werden. Der Workflow, ist unten in zusammengefasster Form ersichtlich:

Verlinkung mit UQ-Lab (UQ-Link)

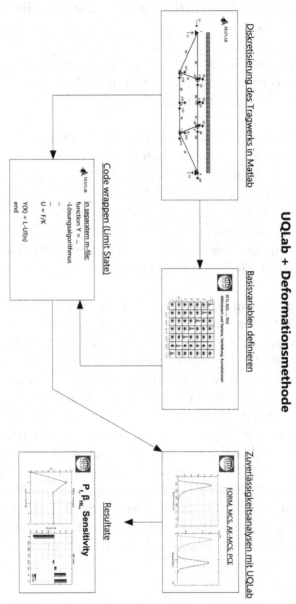

Abbildung 28. WorkFlow der Verknüpfung UQLab-Deformationsmethode.

5.3.2 UQLink – ABAQUS + UQ Lab

Mit dem vorherigen Kapitel wurde das Prinzip der Schnittstelle eines FE-Codes mit UQLab veranschaulicht. Natürlich
ist dies einfacher, wenn der FE-Code ein in Matlab eingebun-
dener Code ist, da der ganze Prozess innerhalb von Matlab
passiert. Verwendet man eine externe Third-Party Software,
ist eine Verknüpfung mit UQLab sehr gut möglich, allerding
ist das Vorgehen etwas aufwändiger. Dieses Vorgehen mit der
Software *Abaqus* ist ebenfalls im Anhang dargestellt, ausserdem wurde dafür in einem separaten Dokument eine Anleitung erstellt [50].
Nachfolgend ist der Vergleich eines unterspannten Trägers
mit der Deformationsmethode und der der Verknüpfung
Abaqus-UQLab dargestellt:

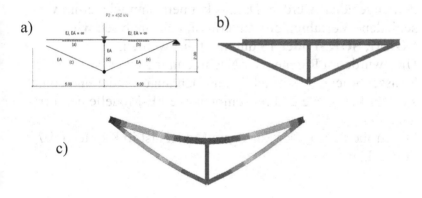

Abbildung 29. a) Geometrie des Trägers, b) Abaqus Modell, 3) Darstellung der
Verformungen.

Es soll untersucht werden, wie gross die Wahrscheinlichkeit
ist, dass eine Durchbiegung von l/300 (33.3 mm) überschritten wird. Dazu werden zwei Basisvariablen definiert:

i	X_k	Bezeichnung	Verteilung	Mittelwert μ	Standardabw. σ	V_x
1	E	E-Modul Stahl	Log-Normal	210e6 kN/m^2	150e5	7%
2	P2	Einzellast	Gumbel	450 kN	100 kN	22%

Tabelle 7. Streuende Basisvariablen des Unterspannten Trägers.

Es wird das sogenannte *Latin Hypercube Sampling* (LHS) angewendet. Dies ist ein varianzminderndes Verfahren. Generell genügen gegen 200 Simulationen für plausible Resultate. Aus diesen Simulationen werden dann tausende Montecarlo-Simulationen gemacht. Das Prinzip des LHS ist im VM2 bereits beschrieben.
Mithilfe von **Surrogate Models** wie die Verfahren PCE, PCK kann die Modellantwort M(Y) mit einem repräsentativen Modell angenähert werden. Daraus können dann wiederum verschiedene Verfahren der Zuverlässigkeitsanalysen **wie FORM, SORM oder IS** durchgeführt werden.
Dies wurde im Rahmen der Nachrechnung einer bestehenden Strassenbrücke in Kapitel 7 mehrfach angewendet und eignet sich für komplexe und rechenintensive FE-Modelle hervorragend.
Das grobe Prinzip der Surrogate Models ist in Kapitel 4.4.7 kurz erläutert.

Daraus ergibt sich die Grenzzustandsfunktion:

$$g_1(x) = \frac{l}{300} - U_2(|\text{max}|) \tag{5.9}$$

Deformationsmethode		
Verfahren	**Beta β_{HL}**	**P_f**
MCS (N=10^6)	3.15	$8.00 \cdot 10^{-4}$
FORM	3.15	$7.50 \cdot 10^{-4}$
AK-MCS (N=35)	3.15	$7.50 \cdot 10^{-4}$
Abaqus - UQLink		
Verfahren	**Beta β_{HL}**	**P_f**
MCS, basierend auf LHS	**3.1**	$9.67 \cdot 10^{-4}$

Tabelle 8. Zusammenstellung der Zuverlässigkeitsanalysen.

Unten sind verschiedene Auszüge der Resultate von Abaqus und UQLink dargestellt:

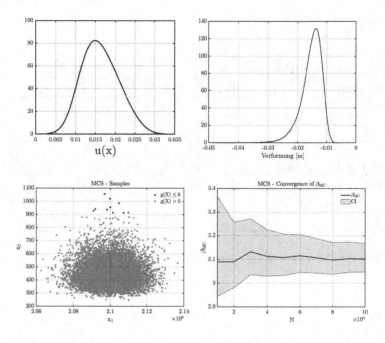

Abbildung 30. Zusammenstellung der Resultate mit Abaqus-UQLink (Matlab 2020).

Weitere Beispiele, wie eine isotrope Platte in Stahlbeton oder die Verwendung der *surrogate models*, sind im Anhang aufgeführt. Es ist zu erwähnen, dass die Möglichkeiten mit UQLink und Abaqus quasi unlimitiert sind.

Für kleine Versagenswahrscheinlichkeiten (kleiner als 10e-3) ist das Verfahren AK-MCS oder generell die Verwendung von Surrogate Models zu empfehlen, da sonst zahlreiche Simulationen durchgeführt werden müssen und der Zeitaufwand zu gross wird.

6 Anwendung I: Schwimmend gelagerte Brücke unter Erdbeben (UQLab – Deformationsmethode)

Im folgenden Kapitel wird die bereits untersuchte Brücke aus dem VM II noch vertiefter untersucht. So wurden in dieser Thesis verschiedene Lagerbedingungen der Stützen betrachtet. Aufgrund dieser Randbedingungen werden Analysen mit UQ-Lab in Verbindung mit der Deformationsmethode durchgeführt werden. Die Brücke, welche an den Widerlagern schwimmend gelagert ist, erfährt eine horizontale **Erdbebenlast**. Das statische System ist **ein Dreifeldträger mit elastischen Einspannungen an den Stützenfüssen**. Es werden verschiedene Analysen durchgeführt. Die Brücke wurde aus der Beispielsammlung von Thoma [46] entnommen.

6.1 Geometrie

In den untenstehenden Abbildungen ist ein Rendering, sowie die Geometrie dargestellt. Für weitere Informationen zum untersuchten statischen System wird auf das VMII [39] verwiesen.

© Der/die Autor(en), exklusiv lizenziert an
Springer Fachmedien Wiesbaden GmbH, ein Teil von Springer Nature 2023
T. Zeder, *Ein Beitrag zur probabilistischen Nachweisführung von bestehenden Tragwerken mit NLFEM und UQ-Lab*, BestMasters,
https://doi.org/10.1007/978-3-658-42185-4_6

Geometrie

Abbildung 31. Dreidimensionale Darstellung der Stahlbeton-Brücke (Allplan 2021).

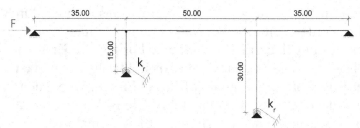

Abbildung 32. Statisches System mit Einwirkungen und Freiheitsgrade des Systems, statisch 4-fach unbestimmt (Allplan 2021).

Folgendes gilt für das untersuchte Tragwerk:

- **Bauwerksklasse 3,**
- **Baugrundklasse D,**
- **Erdbebenzone Z2, q je nach Verformungsverhalten aus PushOver Analyse**

Querschnitt der Stütze

Die Stützen haben folgende Abmessungen und Widerstände (deterministisch, reduziert mit Partialsicherheitsfaktoren nach den SIA-Normen):

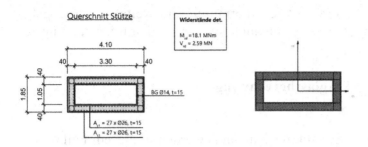

Abbildung 33. Querschnitt der Brückenstützen, Darstellung des Grundrisses (Allplan 2021) und *SeismoStruct*.

Vorgehen für drei verschiedene Lagerungsbedingungen:

1. Ermittlung der Traglast anhand eines Stützenmechanismus
2. Ansetzen der Traglast am «Mechanismus» und Ermittlung der Verschiebungen.
3. Darstellen der Kraft-Verformungsbeziehung (Überprüfung mit *SeismoStruct*).
4. Berechnung der Schwingzeit (modale Analyse) und Eigenfrequenz
5. Push-Over Kurve in AD-RS-Spektrum einfügen
6. Iterative Ermittlung der Verschiebeduktilität μ
7. Nachweis über Base-Shear (Fussquerkraft)

6.2 Volle Einspannung am Stützenfuss

In dieser Arbeit wird aus Gründen der Vereinfachung dasjenige System untersucht, welches an den Stützenfüssen voll eingespannt ist. Dafür wurde in einem ersten Schritt die Traglast von Hand berechnet (Voraussetzung Linear elastisch, ideal plastische Materialbeziehung) und dann mit der Software *SeismoStruct* genau ermittelt. Für weitere Lagerungsbedingungen und Systemanpassungen wird auf den Anhang A verwiesen.

6.2.1 Traglastberechnung

Für einen Stützenmechanismus werden in diesem Fall drei Gelenke eingeführt. Die Traglast berechnet sich also folgendermassen:

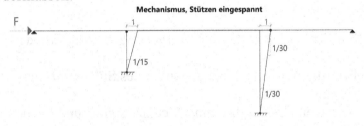

Abbildung 34. Mechanismus des statischen Systems mit drei Fliessgelenken.

Durch Gleichsetzen der äusseren ($A_a=1$) und inneren Arbeit ($A_i =$ *Biegewiderstand · Rotation*) erhöht man an diesem System die Traglast mit relativ geringem Rechenaufwand:

$$F = \frac{M_{rd}}{15m} + 2\frac{M_{rd}}{30m} = \frac{2 \cdot M_{rd}}{15m} = 2'413kN \qquad (6.1)$$

Dieser Stützenmechanismus ist in Abbildung 34 dargestellt. Für die vereinfachende Push-Over-Berechnung wurde das Modell in CUBUS (Statik 8) eingegeben. Dabei wurden für der Stützenmechanismus Biegegelenke eingeführt. An der Stelle dieser Gelenken wurde gleich wieder ein Einzelmoment in der Höhe des plastischen Biegewiderstandes eingeführt. Es wurden nur drei der vier Gelenken modelliert, da sonst das statische System instabil wird.

Abbildung 35. Überprüfung der Traglast mit Biegegelenken in CUBUS.

Aus der obenstehenden Abbildung geht hervor, dass die Last F = 2'413 kN auch tatsächlich die Traglast ist, es entsteht an allen Stellen der Stütze ein Biegemoment von exakt 18.1 MNm, was dem Biegewiderstand entspricht.

6.2.1 Berechnung mit *SeismoStruct*

Anschliessend wurde die Brücke in Seismostruct modelliert, und die Last monoton gestiegen, bis die Traglast gefunden wurde. Anschliessend wurden verschiedene Kurven miteinander verglichen:

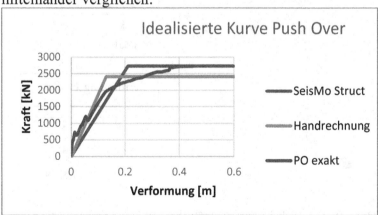

Abbildung 36. Vergleich der verschiedenen PushOver-Berechnungen.

Die Resultate der Push-Over-Kurven sind in der obenstehenden Darstellung abgebildet. Die Handrechnung führt zu einem Resultat auf der sichern Seite. Es werden dort keine bilinearen Stoffgesetze und kein ver- und entfestigendes Materialverhalten berücksichtigt. Die Verformungsfigur ist unten sehr abgebildet, man sieht sehr schön, welche Stütze im Oberbau eingespannt ist, und welche nicht:

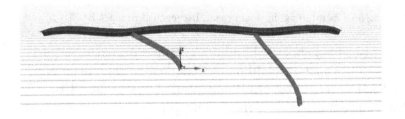

Abbildung 37. Verformtes statisches Sytsme unter monoton gesteigerter Last in SeismoStruct.

Die Querkräfte (Base-Shear) an den Stützenfüssen wurden mit den kraftbasierten Werten verglichen:

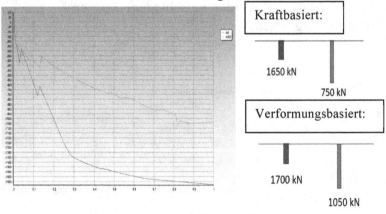

Abbildung 38. Vergleich der Fussquerkräfte bei kraftbasiertem und verformungsbasiertem Verhalten.

Besonders bei der kürzeren Stützen stimmen die beiden Verfahren sehr genau überein. Bei der kraftbasierten Handrechnung wurde die Tragfähigkeit der längeren Stützen leicht unterschätzt. Die PushOver-Kurven werden nun in das AD-RS-Format übertragen. Der Partizipationsfaktor beträgt bei deisem, verhältnismässig einfachen Beispiel $\Gamma = 1.0$. Bei diesem statischen System gehen also 66 % der Last auf die kürzere Stütze, während 34% auf die längere Stütze gehen. Bei weiter monoton gesteigerter Last geht danach aufgrund der Gelenkbildung die gesteigerte Last auf die längere Stütze.

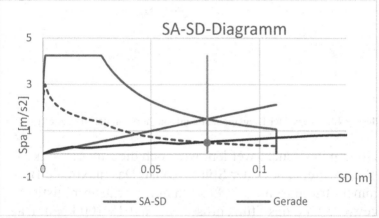

Abbildung 39. ADRS-Format mit der eingefügten PushOver-Kurve und dem Performance Point.

Es resultiert daraus eine Duktilität von $\mu = 3.1$, welche in Stahlbetonbauweise bei korrekter konstruktiver Ausbildung nach Kapitel 5.7 der SIA 262 erreicht werden kann [49]. Zum Vergleich: Bei der Bodenkategorie B ist nur eine Duktilität von $\mu = 1.8$ erforderlich.

6.2.2 Berechnung der Versagenswahrscheinlichkeit

Der Fall für die Baugrundklasse B, und Erdbebenzone Z2 wird hier untersucht. Es werden die verformungsbasierten Fussquerkräfte angesetzt. Dabei wird der Grenzzustand «Biegeversagen» angeschaut, im Vertiefungsmodul II wurde aufgezeigt, dass das Gefährdungsbildung «Schubversagen» für dieses System nicht relevant wird. Bei gedrungenen Wänden/Stützen könnte dies aber massgebend werden.

Abbildung 40. Verlauf der Biegemomente infolge horizontaler Ersatzkraft.

Es soll nun untersucht werden, wie hoch die Zuverlässigkeit des Biegewiderstandes der Stütze (d) ist. Das maximale Biegemoment tritt dort mit 5'485 kNm auf. Der deterministische Biegewiderstand des Stützenfusses beträgt 18'100 kNm. Damit lautet die Grenzzustandsfunktion:

$$g_1(x) = A_s \cdot f_s \cdot z - Q(5) \qquad (6.2)$$

Dabei werden die Einwirkung, also das Moment am Stützenfuss (d) und Widerstand als probabilistische Basisvariablen definiert. **Q(5)** wird dabei aus der stochastischen Auswertung Deformationsmethode ermittelt. Daraus ergeben sich neue Basisvariablen, nämlich die Querschnittsfläche A_s und die

Fliessgrenze f_y. Es wird ein Sicherheitsindex von 3.8 angestrebt (grosse Versagenskonsequenzen, Betrachtungszeitraum
von 50 Jahren).
Dabei korrelieren die beiden Basisvariablen A_s und f_s, was in
UQLab mit einer Gauss-Copula modelliert wird (JCSS) [50].

i	X_k	Bezeichnung	Verteilung	Mittelwert μ	Standardabw. σ	V_x	
1	F	Einzellast	Gumbel	533 kN	217 kN	50%	
2	EJ_{Ra}	Biegesteifigkeit	Log-Normal	$1.1e^8$ kNm^2	$165e^5$ kNm^2	15%	
3	EJ_{Rb}	Biegesteifigkeit	Log-Normal	$1.1e^8 kNm^2$	$165e^5$ kNm^2	15%	
4	EJ_{Rc}	Biegesteifigkeit	Log-Normal	$1.1e^8 kNm^2$	$165e^5$ kNm^2	15%	
5	$0.3EJ_{Sd}$	Biegesteifigkeit	Log-Normal	$1.65e^7$ kNm^2	$41e^5$ kNm^2	15%	
6	$0.3EJ_{Se}$	Biegesteifigkeit	Log-Normal	$1.65e^7$ kNm^2	$41e^5$ kNm^2	15%	
7	A_s	Bewehrungsfläche	Log-Normal	28670 mm^2	1'433 mm^2	5%	$\rho=0.5$
8	f_s	Fliessgrenze Stahl	Log-Normal	550 N/mm^2	30 N/mm^2	5%	

Tabelle 9. Zusammenstellung der Basisvariablen.

Resultate und Zuverlässigkeitslevel

Verfahren	Beta	P_f
MCS (N=10⁶)	3.86	$5.60 \cdot 10^{-5}$
FORM	3.84	$6.24 \cdot 10^{-5}$
AK-MCS (N=41)	3.85	$5.80 \cdot 10^{-5}$

Tabelle 10. Auswertung der verschiedenen probabilistischen Verfahren.

Somit ist der Zuverlässigkeitsindex für alle Verfahren ungefähr gleich gross. Für einen Betrachtungszeitraum von 50 Jahren genügt dieser für verschiedene Normen und Theoriequellen (SIA 269, JCSS,...).

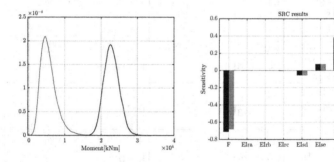

Abbildung 41. Resultate der Zuverlässigkeitsanalyse: R-S (l.) und Sensitivität (r.).

Auf der obenstehenden Abbildung sind die Verteilungskurven der Einwirkung (orange) und des Widerstandes (blau) ersichtlich. Subtrahiert man beide dieser Kurve, ergibt dies einen sehr kleinen Wert der Versagenswahrscheinlichkeit.

6.3 Modellierung mit Abaqus

Anschliessend wurde die Brücke als Stab-Modell in Abaqus modelliert, mit UQLink ausgeführt und anschliessend mit denjenigen Resultaten der Deformationsmethode verglichen.

i	X_k	Bezeich-nung	Vertei-lung	Mittel-wert μ	Stan-dardabw. σ	V_x	
1	F	Einzel-last	Gumbel	533 kN	217 kN	50%	
2	E	Elastizi-tätsmo-dul	Log-Normal	10'000 N/mm^2	1'500 N/mm^2	15%	
7	A_s	Beweh-rungs-fläche	Log-Normal	28'670 mm^2	1'433 mm^2	5%	ρ=0.5
8	f_s	Fliess-grenze Stahl	Log-Normal	550 N/mm^2	39 N/mm^2	7%	

Tabelle 11. Zusammenstellung der Basisvariablen in Abaqus.

Grenzzustandsfunktionen:

1) $$g_1(x) = 18'100 - Q(5) \qquad (6.3)$$

2) $$g_1(x) = A_s \cdot f_s \cdot z - Q(5) \qquad (6.4)$$

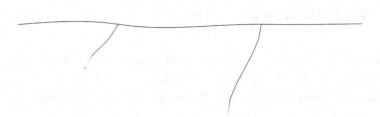

Abbildung 42. Verformtes System (1. Eigenmode) aus Abaqus.

Resultate

Es werden zwei Verfahren verglichen: In einem ersten Schritt wird in der Grenzzustandsfunktion der Biegewiderstand als deterministisch vorausgesetzt. In einem zweiten Schritt werden dann die Basisvariablne f_s und A_s eingeführt und ein Surrogate Model (PCK) wird erzeugt und analysiert.

1)	Verfahren	Beta	P_f
	MCS ($N=10^6$)	3.94	$4.0 \cdot 10^{-5}$
	AK-MCS (N=41)	3.84	$6.1 \cdot 10^{-5}$
2)	FORM (PCK)	3.98	$3.46 \cdot 10^{-5}$
	MCS (PCK)	4.01	$3.00 \cdot 10^{-5}$
	AK-MCS (PCK)	3.94	$4.0 \cdot 10^{-5}$

Tabelle 12. Zusammenstellung der probabilistischen Verfahren.

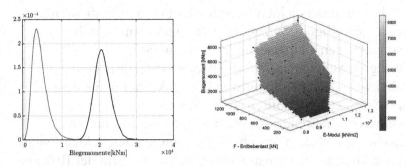

Abbildung 43. Einwirkungen (orange) vs. Widerstand (blau) und Antwortenfläche der LSF 2).

Die kleine Diskrepanz erklärt sich durch den Modellfaktor, da in Abaqus ein anderes FE-Netz (Mesh) modelliert wurde als bei der Diskretisierung der Deformationsmethode. Ebenfalls ist anhand Antworten-Fläche des PCK-Verfahrens ersichtlich, dass quasi nur die Erdbebenlast einen Einfluss auf das entstehende Biegemoment hat.

6.4 Diskussion

In diesem Kapitel wurde anhand eines konkreten Beispiels aufgezeigt, wie verformungsbasierte und kraftbasierte Nachweise probabilistisch angewendet werden können. Dabei wurde mittels einfachen Handrechnung das Resultat einer nichtlinearen FE-Berechnung plausibilisiert. In diesem Fall führt die Handrechnung zu etwas konservativen Resultaten, man kann allerdings das Resultat bis auf ca. 10% annähern. In diesem untersuchten Beispiel, wo die erste Eigenfrequenz bestimmend ist und der Partizipationsfaktor $\Gamma = 1.0$ beträgt, sind die Resultate fast identisch, beim verformungsbasierten Verfahren werden die nicht-lineare Effekte berücksichtigt, was zu einer etwas grösseren Traglast führt. Rückwirkend

wurde bem untersuchten Beispiel die Fussquerkraft wieder
auf die jeweiligen Stützen angesetzt und damit mit den
dazugehörigen statistischen Momenten die
Versagenswahrscheinlichkeit (Biegeversagen») berechnet.
Dabei wurde zuerst die notwendige Duktilität μ aus dem
ADRS-Spektrum ermittelt. Dies könnte ein
Nachweisverfahren sein, welches sich in der Praxis für
bestehende Brücken, welche auf langen Stützen gelagert sind,
eignen könnte. Dabei wurde das statische System der Brücke
wie schon im VMII mit der Deformationsmethode in Matlab
diskretisiert und mit UQLab verknüpft. Abschliessend wurde
das statische System in Abaqus modelliert und mit UQLink
verknüpft, was zu fast identischen Resultaten führt.
Damit wurde die Anwendung mit dem ADRS-Spektrum und
der notwendigen Verschiebeduktilität an einem fiktiven, aber
baupraktischen Beispiel angewendet.

7 Anwendung II: Strassenbrücke (UQLab – Abaqus)

Im folgenden Kapitel werden die erarbeiteten Grundlagen auf ein konkretes reales Beispiel angewendet. In diesem Fall wird eine Nachrechnung einer Strassenbrücke genauer betrachtet. Die Angaben basieren auf einem deterministisch geführten Prüfbericht nach Reichenbach [53]. **Ziel ist es, das Modell der Brücke nachzubilden und die Brücke probabilistisch zu überprüfen.** Wird der Zuverlässigkeitsindex nicht erreicht, sollen mögliche **Verstärkungsmassnahmen** und deren Einfluss auf die Zuverlässigkeit genannt werden.

Die Brücke besteht aus einer Stahl-Betonplatte, sowie Längs- und Querträger aus Stahl, welche jedoch nicht im Verbund wirken. Die Brücke wurde im Jahr 1940 zur Überführung einer Landesstrasse als Trägerrostbrücke erstellt. Sie besteht aus acht Hauptstahlträger mit fünf Querträgerachsen. Die Widerlager bestehen aus unbewehrtem Beton und sind flach gegründet.

Weitere Grundlagen sind im Vertiefungsmodul II bereits erwähnt [39].

© Der/die Autor(en), exklusiv lizenziert an
Springer Fachmedien Wiesbaden GmbH, ein Teil von Springer Nature 2023
T. Zeder, *Ein Beitrag zur probabilistischen Nachweisführung von bestehenden Tragwerken mit NLFEM und UQ-Lab*, BestMasters,
https://doi.org/10.1007/978-3-658-42185-4_7

Abbildung 44. Bild der zu überprüfenden Brücke AS Mannheim-Sandhofen [51].

Folgende Arbeitsschritte werden durchgeführt:

- Nachmodellierung der Brücke in Axis und Plausibilisierung des Modells
- Ermittlung der massgebenden Lastfälle
- Plausibilisierung der deterministischen Nachweise

VMII

- Modellierung der Brücke in Abaqus (nicht-lineare Betrachtung)
- Ermittlung der streuenden Basisvariablen
- Auswertung **analytischer** Grenzzustandsfunktionen.
  - o Ermittlung β, P_f und Sensitivität
- **Erarbeitung Schnittstelle UQLink und Abaqus mit Brückenmodell**
  - o **Deterministische Grenzzustandsfunktionen**
  - o **Surrogate Modells**

Master-Thesis

- Auswertung **numerischer** Grenzzustandsfunktion mit LHS:
  Verlinkung Abaqus-Modell mit UQLab
  - Ermittlung β, P_f und Sensitivität linear-elastisch
  - Ermittlung β, P_f und Sensitivität nichtlinear
  - Restnutzungsdauer
  - Angepasste Teilsicherheitsbeiwerte
- Verstärkungsmassnahme UHFB
  - Ermittlung β, P_f und Sensitivität
  - Neue Restnutzungsdauer
  - Angepasste Teilsicherheitsbeiwerte

7.1 Grundlagen + Geometrie

Beim Bauwerk handelt es sich um einen Einfeld-Träger, welcher im Grundriss gerade verläuft. Der Querschnitt ist ein Stahlträger ohne Verbund, Grundriss und Querschnitt sind in der untenstehenden Abbildung dargestellt. Die Betonplatte liegt auf den Haupt- und Querträgern auf, welche als nachgiebige Federn in verschiedenen Statik-Programmen wie Abaqus/Axis modelliert wurden

Bestehende Bewehrung

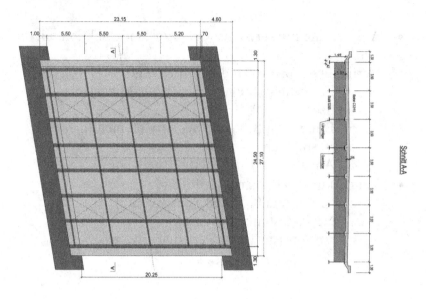

Abbildung 45. Grundriss und Prinzipschnitt der Strassenbrücke (Allplan 2021).

7.2 Bestehende Bewehrung

In der untenstehenden Abbildung ist die Bewehrung der Brücke in Längs- und Querrichtung dargestellt (Darstellung überhöht). Dies wurde aus den bestehenden Planunterlagen entnommen. Typisch für die Zeit, in welchem das Bauwerk erstellt wurde, ist nur die statisch erforderliche Bewehrung eingelegt worden, was sicherlich bezüglich der Gebrauchstauglichkeit ein Negativpunkt ist.

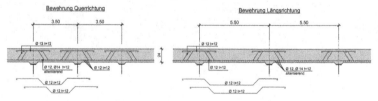

Abbildung 46. Quer- und Längsschnitt der bestehenden Bewehrung.

Als statisch wirksame Höhe dürfen gemäss den Planunterlagen also wie oben ersichtlich nur 240 mm abzüglich der Überdeckung und der Hälfte des Durchmessers der Bewehrung in Rechnung gestellt werden.

Die aufgebogene Bewehrung kann als **Biege- und Schubbewehrung** verwendet werden, der Aufbiege-Winkel ist allerdings zu berücksichtigen.

7.3 Massgebende Einwirkungen - GZT

In diesem Kapitel werden die massgebenden Einwirkungen aufgeführt. Für die genauere Ermittlung der jeweiligen Einwirkung wird auf den Prüfbericht von Reichenbach [53] verwiesen.

Ständige Lasten

Eigengewicht der Betonplatte ($0.26m \cdot 25kN / m^3 = 6.5kN / m^2$) + Eigengewicht der Stahlträger als Linienlast.

Ausbaulasten

Die Ausbaulasten der Strassenbrücke bestehen aus verschiedenen Komponenten:

* Belag (17 cm): Flächenlast mit 24 kN/m³ ergibt **4.1 kN/m²**
* Ständige Lasten aus Kragarmen und Kappen, idealisiert durch Linienlasten an den beiden Rändern

Die Ausbaulasten sind auf der obenstehenden Abbildung dargestellt. Für die genaue Ermittlung und Zusammenstellung wird auf den Prüfbericht [51] verwiesen.
Die Ausbaulasten werden als 50%-Quantil in die probabilistische Bemessung eingehen

Verkehrslasten – LM 1

Die massgebende Verkehrslaststellung ist in der untenstehenden Darstellung aufgeführt.

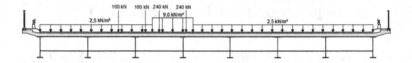

Abbildung 47. Massgebende Laststellung der Verkehrseinwirkung [52].

Dabei wurde der aktualisierte α-Faktor nach der untenstehenden Tabelle gewählt, um zukünftige Verkehrsentwicklungen zu berücksichtigen. Dies ist sicherlich viel zu konservativ. Deshalb wird die Verkehrslast im Rahmen der probabilistischen Überprüfung als Basisvariable mit Mittelwert und Standardabweichung modelliert. Vereinfachend wird das Lastmodell der SIA 261 [52] verwendet. In der Norm wird dabei jeweils das 98%-Quantil verwendet.

α_{Q1}	α_{Q2}	α_{Q3}	α_{q1}	α_{q2}	α_{qr}
0.8	0.8	-	1.0	1.0	1.0

Tabelle 13. In der Überprüfung verwendete Alpha-Faktoren.

Für das probabilistische Modell ergeben sich folgende Mittelwerte und Standardabweichungen für die Verkehrslast nach

LM1, dabei wurde wie bereits beschrieben, ein Variationskoeffizient (CoV) von 15% gewählt. Der dabei entstehende dynamische Faktor ist dort drin enthalten:

Stellung	Doppelachsen		Verteilte Last	
	μ Achslast $Q_{k,i}$ [kN]	σ [kN]	μ $q_{k,i}$ [kN]	σ [kN]
Fahrstreifen 1	150 kN	22.7	3.6	0.54
Fahrstreifen 2	100 kN	15.2	1	0.15
Fahrstreifen 3	0	0	1	0.15

Tabelle 14. Statistische Kennwerte der Verkehrslasten infolge Rückrechnung einer Gumbelverteilung.

Diese wurden mit folgender Formel ermittelt:

$$\mu_x = X_q + \frac{0.5572}{1.2826} \cdot \sigma_i + \frac{1}{1.2826} \cdot \sigma_i \cdot (\ln(-\ln(q))) \qquad (7.1)$$

Dabei wurde X_q als 98% Quantil (Widerkehrperiode von 50 Jahren) mit $\alpha_Q=0.7$ gewählt. Mit einem α_Q von 1.0 wäre das 99.9%-Quantil berücksichtigt, was viel zu konservativ wäre. Der Quantilwert q entspricht also 0.98. Vereinfachend kann das 98%-Quantil einer Gumbel-Verteilung direkt ermittelt werden mit:

$$X_{q,0.98} = \mu_x + 2.592 \cdot \sigma_x \qquad (7.2)$$

Somit wurde die Aktualisierung nach der SIA 269/1 durchgeführt und mit statistischen Kennwerten ergänzt.

7.4   Zusammenstellung der Basisvariablen

Bereits im Vertiefungsmodul II wurden die jeweiligen Basisvariablen der untersuchten Brücken definiert. Die jeweiligen Mittelwerte und Variationskoeffizienten stammen einerseits aus dem JCSS [2], [50] und weiterführender Fachliteratur. Als Ergänzung sind diese in der obenstehenden Tabelle aufgeführt.

Basis-variable	Bezeich-nung	Sym-bol	Vertei-lungs-funk-tion	Ein-heit	Mit-tel-wert μ	Varia-tions-koeffi-zient v_x
Materi-aleigen-schaften	Beton-druckfestig-keit	f_c	LN	N/mm^2	20	0.2
	Betonstahl-zugfestig-keit	f_{sy}	LN	N/mm^2	396	0.05
	Stahl S355	f_y	LN	N/mm^2	395	0.07
	Stahl S235	f_y	LN	N/mm^2	264	0.07
Geomet-rische Abmes-sungen	Plattenhöhe	h	N	mm	260	0.05
	Querschnitt Betonstahl	A_s	N	mm^2	942	0.03
	Beweh-rungsüber-deckung	c_{nom}	N	mm	30	0.1

	Quer-schnittshöhe 1	h_{s1}	N	m	1.465	0.05
	Quer-schnittshöhe 2	h_{s1}	N	m	1.00	0.05
Modell-unsi-cherhei-ten	Widerstand Biegung	$U_{R,M}$	LN	-	1.025	0.071
	Widerstand Querkraft	$U_{R,V}$	LN	-	1.2	0.1
	Einwirkung	U_E	Log-normal	-	1.2	0.1
0.1	Eigenge-wicht	M_{g1}	Normal	kNm	Nach GZT	0.07
		V_{g1}	Normal	kN	Nach GZT	0.07
	Ausbaulas-ten	M_{g2}	Normal	kNm	Nach GZT	0.1
		V_{g2}	Normal	kN	Nach GZT	0.1
Einwir-kung verän-derlich	Verkehrs-lasten	M_Q	Gumbel	kNm	Nach GZT	0.15
		V_Q	Gumbel	kN	Nach GZT	0.15

Tabelle 15. Definition der Basisvariablen der Brücke.

7.5 Untersuchte Nachweise

Aus dem Prüfbericht geht hervor, dass die Brücke den Ansprüchen verschiedener Grenzzustände nicht mehr genügt. Dies einerseits in Längs- wie auch in Querrichtung. Die beiden Richtungen wurden getrennt voneinander betrachtet. In der Folge werden die nicht-eingehaltenen Nachweise aufgeführt. Diese werden darauf probabilistisch untersucht:

Längsrichtung:

- Mindestbewehrung in der Druckzone an verschiedenen Stellen nicht eingehalten.
- Rissbreitennachweise nicht erfüllt.
- Querkraftnachweis über Querträgern nicht erfüllt.
- Biegung und Normalkraft: Nicht erfüllt.
- Ermüdungsnachweis nicht erfüllt.

Der Nachweis der Vergleichsspannungen an den Längsträgern ist eingehalten (69% Auslastung).

Querrichtung:

- Biegung mit Normalkraft nicht erfüllt.
- Vergleichsspannungen der Stahlträger: nicht erfüllt! (120% Auslastung).
- Vollstösse der Hauptträger unterdimensioniert.
- Rissbreitennachweis nicht erfüllt.
- Ermüdungsnachweis Stahlträger nicht ausreichend.
- Ermüdungsnachweis nicht erfüllt.

Die Problemzonen, welche nach Stufe 1 die statischen Nachweise der Tragsicherheit nicht erfüllen, sind in der untenstehenden Abbildung dargestellt.

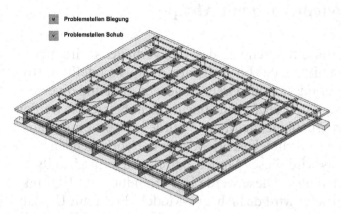

Abbildung 48. Problemzonen der Brücke auf Niveau der Tragsicherheit.

7.6 Modellierung mit Abaqus

Für eine vertiefte Betrachtung des Tragverhaltens wird die Brücke zusätzlich in der FE-Software Abaqus modelliert, wo dem Ingenieur quasi keine Grenzen gesetzt sind und diverse Stoffgesetzte, damit auch nicht-linearitäten, betrachtet werden können. Das grundlegende Modell wurde im Vertiefungsmodul 2 schon ausführlich beschrieben. In der vorliegenden Master-Thesis wird dieses Modell nun für Zuverlässigkeitsanalysen verwendet. Diese werde in Verbindung mit UQLink ausgeführt. Dabei wird das Abaqus-Modell direkt mit UQLab verknüpft, diese Schnittstelle anzuwenden war im Rahmen der Master-Thesis ein grosses Ziel. Dabei wird folgendes grobes Vorgehen angewendet, welches im Anhang mit einer übersichtlichen Grafik aufgeführt ist:

- Modellierung in Abaqus
  o Platte, Stahlträger, Lagerungsbedingungen
  o Massgebender Lastfall durch Strassenverkehr
  o Definition von Node- und Element-Sets für Resultatausgabe
- Definition der Basisvariablen im Input-File von Abaqus und in UQLab
- Parser für Datenentnahme in dat-File aus Abaqus
- Definition der Grenzzustandsfunktion
- Durchführung von LHS
- Erstellung von Surrogate Models (PCE, PCK)
  o FORM/SORM-Analyse
  o MCS, AK-MCS
  o Sensitivitätsanalyse
- Bestimmen der Zuverlässigkeit und der Versagenswahrscheinlichkeit.

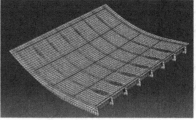

Abbildung 49. Qualitative Verformungsfigur für den Stahlträgerrost und Momente in Y-Richtung (SM2).

Die Stahlbetonplatte wurde als planare Platte mit einer Stärke von 24 cm modelliert, darin integriert ist auch die Bewehrung, welche als Layer verteilt über die jeweiligen Bereiche der Platte modelliert wurden. In einem weiteren Schritt wurden die «Interactions» zwischen Stahlträger und der Stahlbetonplatte definiert. So wurde eine schwimmende Lagerung generiert, aufgrund der Nieten ist die Betonplatte horizontal unverschieblich gelagert. Die Stahlträger wurden aufgrund der grossen Steifigkeit als Master-Knoten definiert, die Platte somit als Slave. Schliesslich wurde das Netz generiert, wobei dasjenige der Stahlträger mit einer leicht grösseren Vermaschung (0.7m) als die Betonplatte (0.5m) generiert wurde.

Dies ergibt eine schwimmende Lagerung der Betonplatte auf dem Stahlträger-Rost. Verbundwirkung wurde keine angesetzt, diese ist gemäss Prüfbericht vernachlässigbar.

7.6.1 Modellierung der Lasten

Die Lasten aus Eigengewicht und Auflast wurden als verteilte Lasten modelliert. Die stochastischen Paramter sind in Tabelle 16 ersichtlich. Die Verkehrslasten wurden gemäss der

Laststellung des Verkehrsmodell der SIA 261/2020 [52] modelliert. Da die Verkehrslasten streuen, wurde ein eigenes bimodales Verkehrsmodell, welches bereits in Kapitel 4.5.1 erläutert wurde, angewendet. Dies wurde in UQLab implementiert und ist unten dargestellt. Es wurde die massgebende Laststellung, welche bereits im Vertiefungsmodul 2 ermittelt wurde, modelliert.

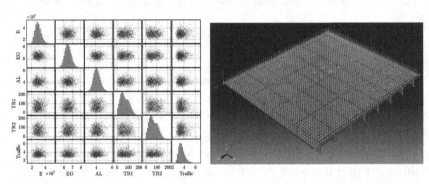

Abbildung 50. Stochastische Modellierung der Lasten, sowie 3D-Darstellung der Lasten in Abaqus.

Die Abkürzungen der jeweiligen Lasten als Basisvariablen haben folgende Bedeutung:

E: Elastizitätsmodul Beton
EG: Eigengewicht, modelliert als Flächenlast
AL: Auflast durch Asphalt, etc. Modelliert als Flächenlast
TR1: Verkehrseinzellasten, Laststreifen 1
TR2: Verkehrseinzellasten, Laststreifen 2
Traffic: verteilte Verkehrslast (Modellierung der Fahrzeuge bis 3.5 t)

7.6.2   Diskussion

Ziel dieses Modells war, neben der Einführung in die Software Abaqus ein qualitativ korrektes Modell zu erstellen, welches das reale Tragverhalten abbildet. Dies wurde mit dem im vorherigen Kapitel beschriebenen Verfahren dokumentiert. Die Software bietet zahlreiche Möglichkeiten, ein reales Tragverhalten abzubilden, jedoch sind die Resultate stets mit Vorsicht zu geniessen und zu plausibilisieren. Entscheidend ist, dass man sich Schritt für Schritt an das Gesamtmodell wagt.

- Genauere Modellierung der jeweiligen Lastfälle (Verkehr LM1, adaptiertes LM)
- Modellierung der nicht-linearen Materialeigenschaften
- Modellierung der Verstärkungsschicht in UHFB
- Zuverlässigkeitsanalysen mit UQLab (UQLink)

Mit diesen obengenannten Punkten sind der Rahmen und die Ausgangslage für die Master-Thesis bereits gelegt. Das Tragwerk wurde also noch detaillierter untersucht und mit anderen FE-Modellen verglichen.
Die Brücke wurde in den FE-Programmen CUBUS und Axis nachmodelliert und mit Abaqus und den Schnittgrössen des Dokuments der Prüfstatik (*InfoGraph*) verglichen. Auszüge daraus sind in Anhang C.3 ersichtlich.

7.6.3   Nicht-lineare Modellierung

Für die nicht-lineare Modellierung wurden Stoffgesetze in Abaqus implementiert. Auf der untenstehenden Abbildung ist das Spannungs-Dehnungsverhalten für das Druckverhalten des Betons C25/30 und das Materialgesetz der Bewehrung abgebildet:

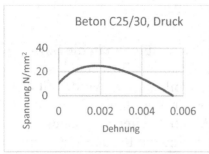

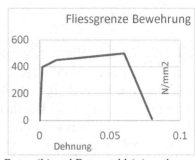

Abbildung 51. Materialverhalten von Stahl-Beton (l.) und Betonstahl (r.), welches in Abaqus implementiert wurde.

Weitere Parameter des Baustoffes Stahl-Beton wurden im Modell implementiert:

E-Modul:	30'000 N/mm²
Querdehnzahl:	0.2
Dilatanzwinkel:	20°
K:	0.667
Zugfestigkeit:	2.5 N/mm²

Die ausgewerteten Schnittgrössen zeigen ein leicht anderes Bild, sind aber qualitativ in derselben Grösse. Auf der untenstehenden Abbildung die Bewehrungsmomente in X- und Y-Richtung aufgeführt. Kleine Drillungsmomente sind in den Bereichen über den Kreuzungspunkten der Stahlträger auszumachen.

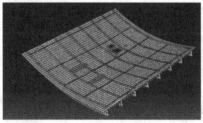

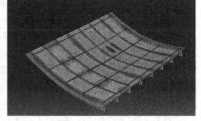

Abbildung 52. Bewehrungsmomente in X-Richtung (l., SM1) und in Y-Richtung (r., SM2).

In einem weiteren Schritt wurde die vorhandene Bewehrung modelliert. Diese wurde über den ganzen Querschnitt verschmiert, es wurden vier Lagen modelliert. Dies wurde vereinfachend so durchgeführt, obwohl die oberen Lagen nur über den Stahlträgern angeordnet sind. Dies ist dann vor allem für den Nachweis der Gebrauchstauglichkeit von grosser Bedeutung, da dort die Mindestbewehrung nicht vorhanden ist. **Aufgrund der nichtlinearen Berechnung kann nun eruiert werden, welche Bereiche des Betons gerissen sind und wo die Bewehrung die Fliessgrenze erreicht hat. Dies ist auf der** Abbildung 53 ersichtlich. Im Bereich des grössten Biegemoments aufgrund der Verkehrseinwirkung ist die Bewehrung im Feld zwischen dem Trägerrost am Fliessen (roter Bereich unten links). Dies deckt sich mit dem Rissbild (rechts).

Abbildung 53. Bereiche der Platte, wo die Bewehrung am Fliessen ist (l.) und Lokalisation der Risse (r.).

Dies deckt sich grundsätzlich mit den bereits gewonnen Kenntnissen der linear-elastischen Berechnung und der analytischen Betrachtung, dass in Bereich der maximalen Verkehrs-Einzellasten für ein 98%-Quantil die Bewehrung ins Fliessen kommt.

Eine Übersicht und einen Vergleich der Schnittgrössen der FE-Programme Axis, CUBUS, Abaqus und *InfoGraph* ist in Anhang C.3 aufgeführt.

Quantitativ sind die Resultate der Softwares in der gleichen Grösse, wobei man in CUBUS klar Modellierungsnachteile hat.

7.6.4 Diskussion

Das 3D-Schalenmodell der Brücke wurde im Vergleich zum ersten Modell weiter verfeinert. Dabei darf nie vergessen gehen, dass man das Modell so erstellt, dass der Rechenaufwand noch vertretbar ist. Dies, weil das Modell in der Folge mit der Software UQLab verknüpft wird und dabei zahlreiche Simulationen des Modells durchgeführt werden. Einen gewissen Detaillierungsgrad ist trotzdem notwendig, um einerseits das nicht-lineare Materialverhalten abzubilden und ein realitätsnahes Modell zu erstellen. Mit Abaqus hat man zahlreiche Möglichkeiten, ein Tragwerk realitätsnah abzubilden. Auch die Bewehrung kann über «verschmierte» Layer in der Platte eingegeben werden und die jeweiligen Stahlspannungen pro Meter sind grafisch und in Form von Textfiles auslesbar. Grundsätzlich bietet Abaqus folgende Vorteile, um eine bestehende Brücke zu modellieren:

- Input- und Output-Files sind in Form einer Textdatei vorhanden und anpassbar
- Einheiten sind im Modell frei wählbar
- Die jeweiligen Outputs (Biegemomente, Kräfte. Spannungen) können selber bestimmt werden
- Es können iterative Lastschritte (Steps) durchgeführt werden
- Es können Stoffgesetze und damit nicht-lineares Materialverhalten abgebildet werden
- Es besitzt ein hervorragendes GUI

Bestehende Strassenbrücke: UQLink – Abaqus
Als erstes soll die bestehende Brücke als FE-Modell ohne Verstärkungsmassnahmen probabilistisch untersucht werden. Dies mit der Verknüpfung **UQLink und Abaqus.** Es wurde in der FE-Software Abaqus die massgebende Laststellung mit

Verkehrslasten modelliert und nun werden verschieden ausgewählte Grenzzustände untersucht.

7.6.5 Biegung in Längsrichtung - Feldmoment

Es wird nun das maximale Biegemoment infolge Verkehrslasten in Feldmitte (zwischen den Stahlträgern) betrachtet. Das maximale Biegemome.t ist in der untenstehenden Abbildung in blau ersichtlich. Die numerischen Werte sind im Anhang C.3 aufgeführt.

Abbildung 54. Biegemomente in X-Richtung (l.) und Y-Richtung (r.).

Basisvariablen:

i	X_k	Bezeich-nung	Vertei-lung	Mittel-wert μ	Stan-dardabw. σ	V_x
1	E	E-Modul Beton	Log-Nor-mal	30'000 N/mm^2	4'500 N/mm^2	15%
2	EG	Eigenge-wicht	Log-Nor-mal	6.5 kN/m^2	0.325 kN/m^2	5%
3	AL	Auflast	Log-Nor-mal	4.1 kN/m^2	0.41 kN/m^2	10%
4	T1	Ver-kehrseinzel-last 1	Gumbel	150 kN	22.5 kN	15%
5	T2	Ver-kehrseinzel-last 2	Gumbel	100 kN	15 kN	15%
6	Tv	Verteilte Verkehrs-last	Gumbel	3.6 kN/m^2	0.55 kN/m^2	15%

Tabelle 16. Zusammenstellung der Basisvariablen.

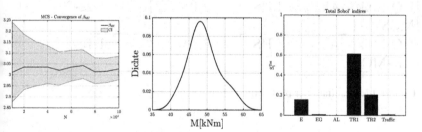

Abbildung 55. Resultate der probabilistischen Analysen: Beta, Verteilung des Biegemomentes und Sensitivitätsanalyse (v.l.n.r.).

Der Biegewiderstand im Feld wird mit den Mittelwerten der Materialkennwerten berechnet. Aufgrund der Sensitivitätsanalyse vom VMII wird dieser in einem ersten Schritt deterministisch angenommen und folgendermassen berechnet:

$$M_{Rd} = A_s \cdot f_s \cdot \left(d - \frac{A_s \cdot f_s}{2 \cdot b \cdot f_c} \right) = 68.1 kNm \qquad (7.3)$$

Damit kann die Grenzzustandsfunktion (LSF) aufgestellt werden:

$$g(X) = M_{Rd} - M(X) \qquad (7.4)$$

Dabei ist *M(X)* die Modellantwort des maximalen Feldmomentes aus dem Latin-Hypercube-Sampling (LHS) des Abaqus-Modells.

Vergleich mit analytischen Resultaten:

Verfahren	Beta	P$_f$
Analytisch	3.08	1.0e-3
UQ-Link – Abaqus (LHS-MCS)	3.04	1.2e-3
UQ-Link – Abaqus (LHS-AK-MCS)	3.05	1.1e-3

Tabelle 17. Resultate der probabilistischen Analysen.

Erforderliche Stahlfliessgrenze für Zuverlässigkeitsindex 3.8:

Es soll nun ausgerechnet werden, welchen Wert die Fliessgrenze annehmen müsste, damit der Zuverlässigkeitsindex genügend gross ist.
Folgende Werte ergeben sich bei einer **Stahlfliessgrenze von 450 N/mm²**:

Verfahren	Beta	P$_f$
Analytisch FORM	3.81	6.87e-5
Analytisch AK-MCS	3.81	7e-5
UQ-Link – Abaqus (LHS-MCS)	3.89	5e-5
UQ-Link – Abaqus (LHS-AK-MCS)	3.81	7e-5

Tabelle 18. Zusammenstellung der probabilistischen Analysen für eine höhere Stahlfliessgrenze.

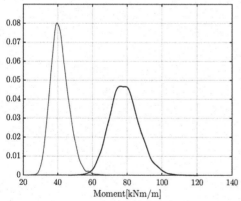

Abbildung 56. Einwirkung und Widerstand mit den jeweiligen statistischen Verteilungen.

Diskussion

Beträgt die Fliessgrenze der verlegten Bewehrung 450 N/mm^2, so ist der Zuverlässigkeitsindex grösser als 3.8 und somit für diesen betrachteten Fall ausreichend gross. Dabei müssen allerdings zusätzliche Untersuchungen ausgeführt werden, welche unumgänglich sind. Bei einem Bauwerk in der Schweiz können auf der Plattform *steeldata.ch* der Hochschule Rapperswil statistische Angaben zu den verschiedenen Stahltypen gefunden werden. Die Datenbank reicht bis in die 60er Jahre.

Korrelierte Verkehrslasten

Nachfolgend werden verschiedene Korrelationen der Verkehrseinzellasten untersucht und die Resultate verglichen. Für eine positive Korrelation sinkt der Zuverlässigkeitsindex. Dann sind die beiden Einzellasten im Extremfall beide sehr gross. Für eine negative Korrelation steigt der Zuverlässigkeitsindex, da dann nur eine der beiden lasten T1 oder T2 gross ist.

i	X_k	Bezeichnung	Verteilung	Mittelwert μ	Standardabw. σ	V_X	
4	T1	Verkehrseinzellast 1	Gumbel	150 kN	22.5 kN	15%	$\rho=0.5$
5	T2	Verkehrseinzellast 2	Gumbel	100 kN	15 kN	15%	

Tabelle 19. Verkehrseinzellasten mit Korrelationskoeffizient (*Spearman*).

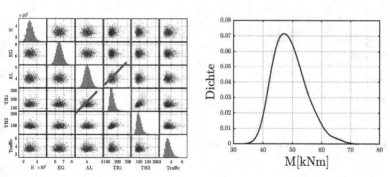

Abbildung 57. Basisvariablen und Verteilung des Biegemoments für p=0.5.

ρ=0.5	Beta	P_f
UQ-Link – Abaqus (LHS-MCS)	2.77	2.84e-3
UQ-Link – Abaqus (LHS-AK-MCS)	2.77	2.79e-3
ρ=0.3	Beta	P_f
UQ-Link – Abaqus (LHS-MCS)	2.86	2.15e-3
UQ-Link – Abaqus (LHS-AK-MCS)	2.91	1.83e-3
ρ=-0.5	Beta	P_f
UQ-Link – Abaqus (LHS-MCS)	3.60	1.4e-4
UQ-Link – Abaqus (LHS-AK-MCS)	3.55	1.9e-4

Tabelle 20. Zusammenstellung der Resultate für korrelierende Verkehrslasten.

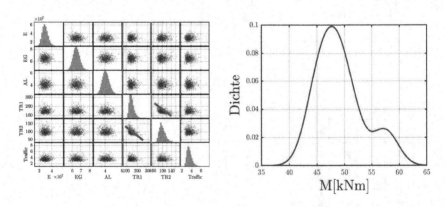

Abbildung 58. Basisvariablen und Verteilung des Biegemoments für *p=-0.5*.

Nachweis mit stochastischer Grenzzustandsfunktion

Im vorherigen Beispiel wurde aufgrund des geringen Einflusses der Stahlfliessgrenze f_s und der Bewehrungsfläche A_s der Biegewiderstand als fixe deterministische Schwelle angenommen. Natürlich kann auch diese Schwelle (*Threshold*) streuenden Basisvariablen beinhalten. Dies führt zu folgender Grenzzustandsfunktion für den Grenzzustand «Biegeversagen»:

$$g(X) = X(7) \cdot X(8) \cdot \left(d - \frac{X(7) \cdot X(8)}{2000 \cdot f_c} \right) - SM1(Abaqus) \qquad (7.5)$$

Dabei werden die Basisvariablen *X(7)* und *X(8)* hinzugefügt. Der Code für die Grenzzustandsfunktion, welche sogenannte *Surrogate Models* beinhaltet, ist im Anhang D aufgeführt.

Zusätzliche Basisvariablen:

i	X_k	Bezeichnung	Verteilung	Mittelwert μ	Standardabw. σ	V_x
7	f_{sy}	Fliessgrenze Stahl	Log-Normal	396 N/mm^2	28 N/mm^2	7%
8	As	Bewehrungsfläche	Log-Normal	942 mm^2	28 mm^2	3%

Tabelle 21. Zusätzliche Basisvariablen für Zuverlässigkeitsanalysen.

Da jetzt in einem separaten Matlab-File eine Grenzzustandsfunktion definiert wurde, sind jetzt diverse Methoden der Zuverlässigkeitsanalyse möglich, wie beim Fall wo eine analytische Grenzzustandsfunktion vorliegt. Aus der FORM-Analyse können somit wieder direkt Partialsicherheitsfaktoren ermittelt werden. Dieses Verfahren ist dasjenige, welches in der Praxis bei der Überprüfung eines Bauwerks angewendet werden sollte. Der gesamte Code ist im Anhang aufgeführt.

	Verfahren	Beta	P_f
PCE	FORM (Surrogate Model)	3.15	7.9e-4
	SORM (Surrogate Model)	3.05	
	UQ-Link – Abaqus (LHS-MCS)	3.04	1.22e-3
	UQ-Link – Abaqus (LHS-AK-MCS)	2.98	1.45e-3
PCK	FORM (Surrogate Model)	3.13	8.67e-4
	SORM (Surrogate Model)	3.07	1.10e-3
	UQ-Link – Abaqus (LHS-MCS)	3.06	1.13e-3
	UQ-Link – Abaqus (LHS-AK-MCS)	3.06	1.10e-3

Tabelle 22. Zusammenstellung der Zuverlässigkeitsanalyse.

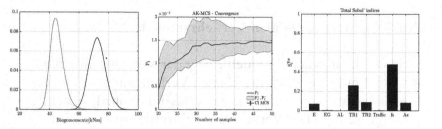

Abbildung 59. Resultate der Zuverlässigkeitsanalyse für das Surrogate Model.

Ausführliche Resultate der FORM-Analyse:

	Mittelwerte X_d	Sensitivität α^2	Sicherheitsfaktoren γ
E	32'200 N/mm^2	0.03	1.07
EG	6.57 kN/m^2	0.01	1.01
AL	4.08 kN/m^2	0.00	1.0
T1	230 kN	0.64	1.53
T2	112 kN	0.08	1.12
Tv	3.57 kN/m^2	0.00	1.0
f_s	356 N/mm^2	0.21	0.90
A_s	925 mm^2	0.04	0.98

Tabelle 23. Resultate aus der FORM-Analyse mit den Sobol-Sensitivitätsfaktoren.

Nun kann der Bogen zur Publikation von Moser et al. geschlossen werden [45]. Mit diesem Verfahren können angepasste Teilsicherheitsbeiwerte generiert und angewendet werden. Man sieht, dass bei der massgebenden Verkehrseinwirkung die Last auf Designniveau mit einem Teilsicherheitsbeiwert von ca. $\gamma_Q=1.53$ multipliziert wird. Dies entspricht ziemlich genau dem Partialsicherheitsbeiwert der Norm SIA 261 [54].

Nachweis mit bimodalen Verkehrsmodell

Wie bereits in Kapitel Modellierung der Verkehŕseinwirkungen4.5.1 aufgezeigt wurde, können Verkehrsmodelle aus bestehenden Messungen für die Zuverlässigkeitsanalyse berücksichtigt werden. Der Verkehr des Schwertransportes wird dabei als bimodaler stochastischer Prozess beschrieben. Da die Normen den Strassenverkehr sehr konservativ abbilden (Auftretenswahrscheinlichkeit fast gleich Null) soll pro Bauwerk mit Messungen ein individuelles Verkehrsmodell erzeugt werden. Dies wurde im Rahmen dieser Arbeit aus einer Messung von Eichinger [38] übernommen und auf das untersuchte Beispiel adaptiert. Es wurde also aus einer bestehenden Messung ein Kernel Density Smoothing angefertigt, welches dann mittels LHS-Simulationen in Abaqus implementiert wurde.

Die Input-Variablen des Verkehrs wurden dann folgendermassen modelliert (Ohne Korrelation):

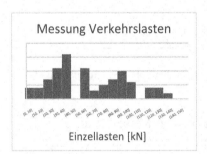
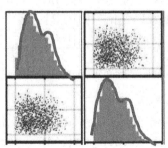

Abbildung 60. Modellierung der Verkehrslasten als bimodale Verteilung aufgrund bestehender Messwerte.

Es sind zwei Peaks ersichtlich: Der erste repräsentiert die leere Ladung des LKWS, der zweite das Gewicht der vollen Ladung.

Daraus ergeben sich folgende Resultate:

	Verfahren	Beta	P_f
PCE	FORM (Surrogate Model)	3.61	1.55e-4
	UQ-Link – Abaqus (LHS-MCS)	3.55	1.92e-4
	UQ-Link – Abaqus (LHS-AK-MCS)	3.69	1.10e-4

Tabelle 24. Zusammenstellung der probabilistischen Resultate.

Der Zuverlässigkeitsindex kann also viel realitätsnaher abgebildet werden und ist dementsprechend höher.

	Mittelwerte X_d	Sensitivität α^2	Sicherheitsfaktoren γ
E	33'700 N/mm^2	0.05	1.12
EG	6.58 kN/m^2	0.004	1.01
AL	4.14 kN/m^2	0.00	1.04
T1	151 kN	0.38	2.21
T2	130 kN	0.23	1.92
Tv	3.62 kN/m^2	0.00	1.0
f_s	355 N/mm^2	0.21	0.85
A_s	921 mm^2	0.04	0.98

Tabelle 25. Resultate aus der FORM-Analyse des Surrogate Models und SRC-Sensitivitätsfaktoren.

Diskussion

In diesem Unterkapitel wurde der Grenzzustand «Biegung in Längsrichtung» betrachtet. Es ist ersichtlich, dass die analytischen Resultate aus einer mathematischen Grenzzustandsfunktion mit den FE-Simulationen gut übereinstimmen. Auch wurden verschiedene Metamodellverfahren ausgetestet, wo die Modellantwort (In diesem Fall das streuende Biegemoment in X-Richtung) mit dem stochastischen Biegewiderstand verglichen wird. Dies wird mit einem separaten Matlab-Code durchgeführt und führt zu ähnlichen Resultaten. Dies, weil die Verkehrslast die wichtigste Einflussgrösse für diesen Grenzzustand ist.

Das Verfahren mit den Metamodellen führt zu zahlreichen Vorteilen. Einerseits kann der Rechenaufwand mit diesem approximativen Verfahren deutlich reduziert werden. Ausserdem sind die Resultate bei einer geringen Anzahl Simulationen (N=20-30) bereits sehr genau. Mit dem Einbezug des *surrogate models* in die Grenzzustandsfunktion können nachher wieder die herkömmlichen Zuverlässigkeitsanalysen wie FORM, SORM oder auch das AK-MCS durchgeführt werden. Die FORM-Analyse führt dann wieder zu den charakteristischen Werten und somit sind angepasste Teilsicherheitsbeiwerte möglich. Der Teilsicherheitsbeiwert der Verkehrslast auf Fahrstreifen 1 ist dabei quasi identisch mit demjenigen der Norm, während die Verkehrslast auf Fahrstreifen 2 nur mit 1.11 multipliziert werden muss. Genau in diesem Punkt sind Reserven vorhanden, welche es auszunutzen gilt. Auch mögliche Korrelationen sind zu prüfen. Alles in allem ist für diesen Grenzzustand eine sehr kurze Restnutzungsdauer vorauszusagen.

Da adaptierte Teilsicherheitsbeiwerte aus der FORM-Resultate berechnet wurde, können die charakteristischen

Werte der Basisvariablen mit den dazugehörigen Sicherheitsfaktoren γ in ein beliebiges FE-Programm implementiert werden. Es kann also wieder auf das semi-probabilistische Nachweiskonzept geschlossen werden. Dies ist ein weiterer sehr grosser Vorteil dieses Verfahrens.

7.6.6   Schubtragfähigkeit in Längsrichtung

Gemäss Prüfbericht ist an den Kreuzungspunkten der Stahlträger die aufgebogene Schubbewehrung nicht ausreichend.
Dies soll nun in einem weiteren Schritt probabilistisch überprüft werden.

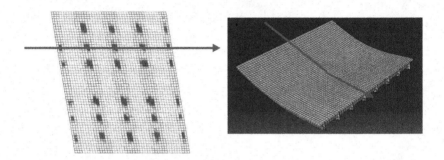

Abbildung 61. Verteilung der Schubkräfte (l). mit erforderlicher Querkraftbewehrung aus dem statischen Prüfbericht (r.) **[53]**.

Grenzzustandsfunktion

Der Schubwiderstand wird mit der aufgebogenen Schubbewehrung über den Längsträgern sichergestellt. Diese haben
einen Aufbiegewinkel $\alpha = 45°$. Auch der Winkel der Druck-
strebe fliesst mit $\theta = 45°$ in die Rechnung ein.

$$g(V_{R,sy}) = U_{R,sy} \cdot \left(\frac{A_{sw}}{s_w} \cdot f_y \cdot d_z \cdot (\cot\theta + \cot\alpha) \cdot \sin\alpha \right) - V(X) \qquad (7.6)$$

Vereinfacht als:

$$g(X) = 101kN / m - V(X) = 101kN / m - SF3(Abaqus) \qquad (7.7)$$

Dabei wird aufgrund der Sensitivitätsanalyse die Schwelle (*Threshold*) des Schubwiderstandes definiert als 101 kN/m. Die Basisvariablen bleiben die gleichen wie im Fall «Biegewiderstand». Der E-Modul ist damit der streuende Parameter auf der Widerstandseite.

Resultate:

Verfahren	Beta	P$_f$
Analytisch	3.50	2.0e-4
UQ-Link – Abaqus (LHS-MCS)	3.41	3.3e-4
UQ-Link – Abaqus (LHS-AK-MCS)	3.44	2.9e-4

Tabelle 26. Resultate der probabilistischen Analysen.

Mit der Definition der deterministischen Schwelle der Grenzzustandsfunktion hat man diverse Parameter wie die Fliessgrenze des Stahls oder die Bewehrungsfläche A_s nicht abgebildet. Dies wird in einem weiteren Schritt nachfolgend ausgeführt.

Mit Berücksichtigung der streuenden Widerstandsseite (Surrogate Model) und bimodalen Verkehrsmodell

In einem zweiten Schritt soll die Grenzzustandsfunktion probabilistisch aufgestellt werden und der Modell-Output wird in ein Surrogate Modell umgewandelt. So sind die gewohnten Zuverlässigkeitsanalysen möglich und es können angepasste Teilsicherheitsbeiwerte bestimmt werden. Damit kommen wie bereits beim Grenzzustand «Biegung» zwei Basisvariablen dazu:

i	X_k	Bezeichnung	Verteilung	Mittelwert μ	Standardabw. σ	V_x
7	f_{sy}	Fliess-grenze Stahl	Log-Normal	396 N/mm^2	28 N/mm^2	7%
8	As	Bewehrungsfläche	Log-Normal	942 mm^2	28 mm^2	3%

Die Resultate sind in der untenstehenden Tabelle abgebildet.

	Verfahren	Beta	P_f
Abaqus	FORM (Surrogate Model)	3.84	7.00e-5
(PCK)	UQ-Link – Abaqus (LHS-MCS)	3.77	8.00e-5
	UQ-Link – Abaqus (LHS-AK-MCS)	3.81	6.04e-5

Tabelle 27. Zusammenstellung der probabilistischen Analysen und Auswertung des Surrogate Models.

	Mittelwerte X_d	Sensitivität α^2	Sicherheitsfaktoren γ
E	29'700 N/mm^2	0.00	0.99
EG	6.49 kN/m^2	0.00	1.00
AL	4.08 kN/m^2	0.00	1.00
T1	148 kN	0.31	2.24
T2	51 kN	0.01	0.77
Tv	5.20 kN/m^2	0.33	1.48
f_s	355 N/mm^2	0.21	0.85
As	921 mm^2	0.04	0.98

Tabelle 28. Zusammenstellung der FORM-Analyse mit Sensitivitäts- und Sicherheitsfaktoren.

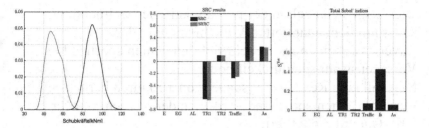

Abbildung 62. Einwirkung vs. Widerstand und Sensitivitätsanalyse (SRC).

Der Zuverlässigkeitsindex bleibt also für dieses Verfahren ungefähr gleich. Das heisst, dass sich die Unsicherheiten auf der Widerstandsseite (Baustoffparameter) und die Optimierung des Verkehrsmodell in etwa aufheben.

7.6.7 Schubtragfähigkeit in Querrichtung

Auch in Plattenquerrichtung ist der Nachweis der Schubbewehrung nicht erfüllt. Dies wird ebenfalls mithilfe des FE-Modells und der Verlinkung mit UQLab untersucht. Dieser ist gemäss Prüfbericht deutlich nicht eingehalten. Die vorhandene Querkraftbewehrung beträgt 942 mm², erforderlich wären 3'083 mm².

Abbildung 63. Verlauf der Schubkräfte (l.), sowie erforderliche Schubbewehrung gemäss Prüfbericht [53].

Dies zeigt sich auch in der probabilistischen Betrachtung, sogar mit dem adaptierten Verkehrsmodell, der Zuverlässigkeitsindex ist sehr tief und dementspechend die Versagenswahrscheinlickeit hoch. Nun soll eine Restnutzungsdauer von 10 Jahren berücksichtigt werden. Dementsprechend wird auch der Verkehr nur für ein 90%-Quantil modelliert. Deshalb ergibt sich eine obere Grenze der Verkehrslasten von:

$$X_{q,10} = \mu + 1.282 \cdot \sigma = 66kN + 35 \cdot 1.282kN = 105kN \qquad (7.8)$$

Abaqus (PCK)	Verfahren, T_r = 50 Jahre	Beta	P$_f$
	FORM (Surrogate Model)	1.42	7.79e-2
	Verfahren, T_r = 5 Jahre	Beta	P$_f$
	FORM (Surrogate Model)	2.76	2.74e-3
	UQ-Link – Abaqus (LHS-MCS)	2.87	2.07e-3
	UQ-Link – Abaqus (LHS-AK-MCS)	2.88	1.98e-3

Tabelle 29. Resultate der probabilistischen Betrachtung.

Die maximale Achslast beträgt also 105 kN für einen Betrachtungszeitraum von 10 Jahren. Dies führt schon zu einem deutlich höherem Zuverlässigkeitsindex von ca. $\beta = 2.7$, ist allerdings immer noch zu tief. So kann schrittweise die Restnutzungsdauer angenähert werden. Es wird abschliessend

der Strassenverkehr von 5 Jahren betrachtet, welcher in der obenstehenden Tabelle aufgeführt ist
Auch für diesen Betrachtungszeitraum ist der Zuverlässigkeitsindex zu klein, allerdings noch nicht unter dem Low-Level, was einen eingeschränkten Betrieb oder eine Temporeduktion zur Folge hat.
Es ergeben sich folgende Werte:

	Mittelwerte X_d	Sensitivität α^2	Sicherheitsfaktoren γ
EG	6.87 kN/m^2	0.12	1.06
T1	77 kN	0.23	1.16
T2	72.5 kN	0.15	1.10
Fs	351 N/mm^2	0.36	0.89

Tabelle 30. Angepasste Teilsicherheitsbeiwerte für die massgebenden Basisvariablen mit den Sobol-Indices.

7.6.8 Spannungen in Stahlträger

Als dritter Punkt werden die Spannungen in den Stahlhauptträger untersucht. Diese werden aus den Kräften in den Flanschen auf Spannungen rückgerechnet. In der untenstehenden Abbildung, welches eine Untersicht der Brücke darstellt, sind die Spannungen ersichtlich:

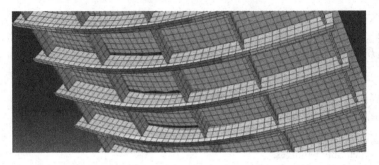

Abbildung 64. Spannungen in den Stahllängsträgern (Untersicht).

Die Abmessungen des Flansches sind 420 mm x 33mm, was eine Fläche von 13'860 mm² ergibt. Aufgrund der bereits fortgeschrittenen Korrosion werden nur 90% dieser Fläche in Rechnung gestellt. Die Fläche des Flansch wurde ebenfalls probabilistisch modelliert in *X(8)*.
Daraus lässt sich folgende Grenzzustandsfunktion aufstellen:

$$g(X) = A \cdot f_s - SF1(X) \tag{7.9}$$

i	X_k	Bezeich-nung	Vertei-lung	Mittel-wert μ	Stan-dardabw. σ	V_x
1	E	E-Modul Beton	Log-Normal	30'000 N/mm^2	4'500 N/mm^2	15%
2	EG	Eigenge-wicht	Log-Normal	6.5 kN/m^2	0.325 kN/m^2	5%
3	AL	Auflast	Log-Normal	4.1 kN/m^2	0.41 kN/m^2	10%
4	T1	Verkehrsein-zellast 1	Gumbel	150 kN	22.5 kN	15%
5	T2	Beweh-rungsfläche 2	Gumbel	100 kN	15 kN	15%
6	Tv	Verteilte Verkehrslast	Gumbel	3.6 kN/m^2	0.55 kN/m^2	15%
7	f_s	Fliessgrenze Stahl	Log-Normal	395 N/mm^2	28 N/mm^2	7%
8	A	Fläche Flansch	Log-Normal	12'474 mm^2	1247 mm^2	10%

Tabelle 31. Zusammenstellung der Basisvariablen.

Resultate mit Surrogate Model

Verfahren	Beta	P$_f$
UQ-Link – Abaqus: LHS-MCS	4.01	3.00e-5
UQ-Link – Abaqus: LHS-AK-MCS	3.94	3.94e-5
UQ-Link – Abaqus: FORM	4.19	1.38e-5
UQ-Link – Abaqus: SORM	4.04	2.59e-5
UQ-Link – Abaqus: IS	4.05	2.58e-5

Tabelle 32. Zusammenstellung der probabilistischen Analysen.

Wie erwartet ist der Zuverlässigkeitsindex sehr hoch für diesen Grenzzustand. Dabei wurde noch nicht einmal das optimierte Verkehrsmodell angewendet, die tatsächliche Zuverlässigkeit liegt also noch höher. Es besteht also eine sehr geringe Wahrscheinlichkeit, dass die Stahlspannungen der Hauptträger überschritten werden. Allerdings sagt dies noch nichts über das Ermüdungsverhalten aus.

Betrachtung FORM-Resultate mit Surrogate Models

	Mittelwerte X_d	Sensitivität α^2	Sicherheits- faktoren γ
E	29700 N/mm²	0.00	0.99
EG	6.49 kN/m²	0.00	1.00
AL	4.27 kN/m²	0.01	1.07
T1	216 kN	0.26	1.44
T2	105 kN	0.01	1.05
Tv	4.18kN/m²	0.07	1.19
f_s	351 N/mm²	0.24	0.89
A_s	905 mm²	0.49	0.96

Tabelle 33. Zusammenstellung der FORM-Analyse mit Sensitivitätsfaktoren und angepassten Teilsicherheitsbeiwerte.

Diskussion

Die Zuverlässigkeit für die Stahllängsträger ist noch ausreichend gross. Der geforderte Sicherheitsindex liegt in diesem Fall über 3.8, mit einem geeigneten Monitoringsystem könnte dieser gar auf 3.5 reduziert werden, dies ist in Bergmeister und Santa [9] vorzufinden.

Bei der Auswertung dieses Surrogate Models aus Abaqus liefert die FORM-Analyse etwas zu konservative Werte. Dies, da FORM eine lineare Annäherung an den Versagensbereich durchführt, was in den meisten Fällen auch ausreichend ist. In diesem Fall sollten eher die Werte aus der SORM oder dem Importance-Sampling entnommen werden.

Restnutzungsdauer:

Strebt man einen Sicherheitsindex von 3.5 an, ergibt sich eine
Restnutzungsdauer von ca. neun Jahren:

Jahre	P_f	β	β_l	β_r
1	2.51189E-05	4.05	2.55	3.55
2	5.02371E-05	3.89	2.39	3.39
3	7.53547E-05	3.79	2.29	3.29
4	0.000100472	3.72	2.22	3.22
5	0.000125588	3.66	2.16	3.16
6	0.000150704	3.61	2.11	3.11
7	0.000175819	3.57	2.07	3.07
8	0.000200933	3.54	2.04	3.04
9	0.000226047	3.51	2.01	3.01

Tabelle 34. Verlauf des Zuverlässigkeitsindex über Verlauf der Zeit.

Dabei muss stets der Grad der Korrosion und auch die Ver-
kehrsentwicklung berücksichtigt werden. Bei Änderungen ist
der Zuverlässigkeitsindex und auch die Restnutzungsdauer
anzupassen.

Es ist ausserdem zu erwähnen, dass die Restnutzungsdauer
von der betrachteten Referenzperiode der Verkehrslasten abhängt. Zum Beispiel kann eine Referenzperiode von 15 Jahren
betrachtet werden. Der Verkehr kann dann entweder aus Messungen extrapoliert, oder mittels Montecarlo-Simulationen für
die betrachtete Referenzperiode ermittelt werden.

7.6.9 Ermüdungsverhalten Stahlbeton

Abschliessend wird der Ermüdungsnachweis nach SIA262 für die Dauerfestigkeit probabilistisch betrachtet. In der untenstehenden Tabelle sind die Basisvariablen zusammengefasst. In einem ersten Schritt wurde in Form einer Excel-Tabelle die deterministischen Nachweise für Stahlbeton, sowie die Stahlträger untersucht.

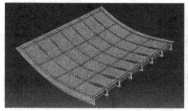 

Abbildung 65. Biegemoment infolge ständiger Last (l.) und infolge Verkehrslasten (r.).

i	X_k	Bezeichnung	Verteilung	Mittelwert μ	Standardabw. σ	V_x
1	f_s	Fliessgrenze des Stahls	Log-Normal	395 N/mm^2	28 N/mm^2	7%
2	A_s	Bewehrungsfläche	Log-Normal	942 mm^2	28 mm^2	3%
3	M1	Einwirkendes Moment, ständige Lasten	Log-Normal	40 kNm	4 kNm	10%
4	M2	Einwirkendes Moment, veränderliche Lasten	Log-Normal	50 kNm	5 kNm	10%

| 5 | Es | E-Modul Stahl | Log-Nor-mal | 210'000 N/mm² | 10'500 | 5% |
| 6 | Ec | E-Modul Beton | Log-Nor-mal | 30'000 N/mm² | 4'500 N/mm² | 15% |

Tabelle 35. Zusammenstellung der Basisvariablen für den Grenzzustand Ermüdung.

Dabei wird die Differenz des Biegemoments aus ständigen Lasten und veränderlichen Lasten betrachtet, welche eine gewisse Spannungsdifferenz nicht überschreiten darf.

$$g(X) = 0.8 \cdot \Delta\sigma_{sd,fat} - \frac{\Delta M_{Ed}(Q_{fat})}{A_s \cdot (d - x/3)} \qquad (7.10)$$

Verfahren	Beta	Pf
FORM analytisch	1.94	2.59e-2
MCS	1.96	2.51e-2
AK-MCS	1.95	2.53e-2

Tabelle 36. Resultate der Zuverlässigkeit für konservatives Verkehrsmodell.

Dies deckt sich mit dem statischen Prüfbericht, wo eine 233%-Ausnutzung festgestellt wurde. In einem weiteren Schritt wurde anhand des implementierten Verkehrsmodell das Ermüdungsverhalten untersucht, wobei der Zuverlässigkeitsindex nur geringfügig höher ist.

7.6.10 Biegung in Querrichtung - Feldmoment

Im Folgenden wird die Biegung in Querrichtung im Feld betrachtet. Dies mit dem bereits vorgestellten Verkehrsmodell, welches als bimodale Verteilung in die Simulationen und damit in das Abaqus-Modell einfliesst-

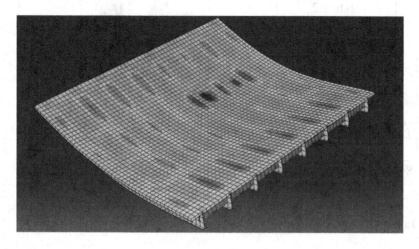

Abbildung 66. Verlauf der Biegemomente in Y-Richtung (Querrichtung).

Die Basisvariablen bleiben für diesen Grenzzustand die gleichen:

i	X_k	Bezeich-nung	Vertei-lung	Mittel-wert μ	Stan-dardabw. σ	V_x
1	E	E-Modul Beton	Log-Nor-mal	30'000 N/mm^2	4'500 N/mm^2	15%
2	EG	Eigenge-wicht	Log-Nor-mal	6.5 kN/m^2	0.325 kN/m^2	5%
3	AL	Auflast	Log-Nor-mal	4.1 kN/m^2	0.41 kN/m^2	10%
4	T1	Ver-kehrseinzel-lasten 1	Bimodal KDS			

5	T2	Ver-kehrseinzel-lasten 2	Bimodal KDS			
6	Tv	Verteilte Verkehrs-last	Gumbel	3.6 kN/m^2	0.55 kN/m^2	15%
7	f_{sy}	Fliessgrenze Stahl	Log-Normal	396 N/mm^2	28 N/mm^2	7%
8	As	Beweh-rungsfläche	Log-Normal	942 mm^2	28 mm^2	3%

Tabelle 37. Zusammenstellung der Basisvariablen.

Zusammenstellung der Resultate

Abaqus (PCK)	FORM (Surrogate Model)	3.34	4.16e-4
	SORM (Surrogate Model)	3.42	3.31e-4
	UQ-Link – Abaqus (LHS-MCS)	3.32	4.50e-4
	UQ-Link – Abaqus (LHS-AK-MCS)	3.48	2.50e-4
Analytisch	MCS (N=10⁶)	3.28	$5.16 \cdot 10^{-4}$
	FORM	3.35	$3.99 \cdot 10^{-4}$
	SORM (Breitung)	3.30	$4.79 \cdot 10^{-4}$
	AK-MCS (N=50)	3.32	$4.36 \cdot 10^{-4}$

Tabelle 38. Zusammenstellung der probabilistischen Verfahren mit PCK und Vergleich mit den analytischen Resultaten.

Der Vergleich mit den analytischen Resultaten aus dem VMII zeigt eine gute Übereinstimmung, es wurde bei der analytischen Grenzzustandsfunktion noch einen Modellfaktor implementiert.

FORM-Resultate mit Surrogate Models

	Mittelwerte X_d	**Sensitivität α^2**	**Sicherheitsfaktoren γ**
E	31'800 N/mm²	0.02	1.06
EG	6.49 kN/m²	0.00	1.00
AL	4.07 kN/m²	0.00	1.07

T1	149 kN	0.42	2.25
T2	142 kN	0.32	2.15
Tv	3.54kN/m^2	0.00	1.0
f_s	354 N/mm^2	0.21	0.89
A_s	924 mm^2	0.04	0.98

Tabelle 39. Zusammenstellung der FORM-Analyse mit angepassten Teilsicherheitsbeiwerte.

Wiederum ist es interessant, dass der E-Modul als «Einwirkung» in die Berechnung eingeht. Dies ist auch in der untenstehenden SRC-Analyse (unten rechts) ersichtlich

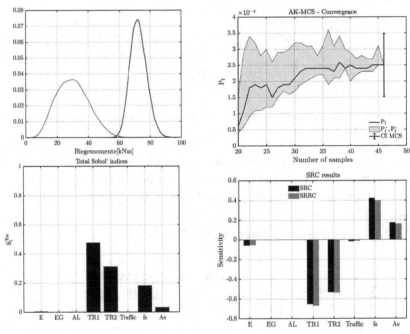

Abbildung 67. Auszüge aus der probabilistischen Analyse mit Sensitivitätsanalysen.

7.6.11 Biegung in Querrichtung – Stützmoment

Gemäass dem statischen Prüfbericht ist auch der Nachweis der Biegung über den Querträgern nicht erfüllt. Dies wurde ebenfalls probabilistisch mit Berücksichtigung des angepassten Verkehrsmodells betrachtet.
Über den Querträgern ist die Bewehrung mit Stäben Ø12 ausgeführt. Bei der Betrachtung der analytischen Grenzzustandsfunktion mit einem konservativen Verkehrsmodell ist die Zuverlässigkeit bereits sehr hoch. Diese sollen nun mit den probabilistischen Resultaten verglichen werden.

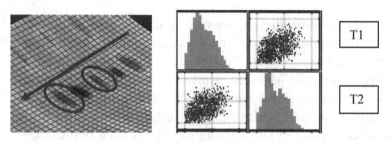

Abbildung 68. Biegemomente über Querträger mit implementiertem Verkehrsmodell.

Auch in diesem Fall wird folgende Grenzzustandsfunktion betrachtet:

$$g(X) = X(7) \cdot X(8) \cdot \left(d - \frac{X(7) \cdot X(8)}{2000 \cdot f_c} \right) - SM1(Abaqus) \qquad (7.11)$$

Zusammenstellung der Resultate

Abaqus (PCK)	FORM (Surrogate Model)	5.83	2.69e-9
	SORM (Surrogate Model, Breitung)	5.94	1.35e-09
Analytisch	MCS (N=10^6)	4.75	5.16e-4
	FORM	5.06	3.99e-4
	SORM (Breitung)	5.03	4.79e-4

Tabelle 40. Vergleich der probabilistischen Resultate mit Abaqus (PCK) und mit analytischer Grenzzustandsfunktion.

Dies zeigt, dass für diesen Grenzzustand eine grosse Zuverlässigkeit besteht und die Versagenswahrscheinlichkeit dementsprechend klein ist. Im Prüfbericht wurden ausserdem beim Nachweis die Momentenspitze betrachtet, welche vom FE-Netz abhängt. Diese wurde im FE-Programm Abaqus auf eine Breite von 0.5m (Mesh-breite) verteilt. Auch wurden im Prüfbericht keinerlei Umlagerungsmöglichkeiten berücksichtigt. Mit dem FE-Programm wurden gar noch bessere Resultate erzielt als mit der Auswertung der analytischen Grenzzustandsfunktion.

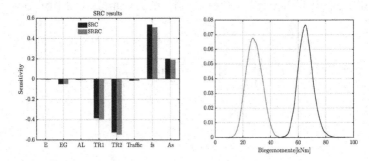

Abbildung 69. Resultate der probabilistischen FEM-Analyse: Sensitivitätsanalyse und ausgewertete Grenzzustandsfunktion.

7.6.12 Ermittlung Restnutzungsdauer

Fall mit einfachen Verkehrsmodell

Für den betrachteten Fall «Biegung in Feldmitte» resultiert ein Zuverlässigkeitsindex von 3.09

Für die Zielzuverlässigkeit von $\beta = 4.2$ (Bauwerksklasse 3) ergibt sich eine untere Grenze von:

$$\beta_l = \beta - 1.5 = 2.70 \qquad (7.12)$$

Der vorhandene Zuverlässigkeitsindex beträgt 3.1. Daraus ergibt sich eine Restnutzungsdauer von **3-4 Jahre**. Dann ist der unterste Wert β_l erreicht. Damit befindet sich die Brücke bereits im Bereich von β_r und β_l und es wären Einschränkungsmassnahmen notwendig.
Dementsprechend kann β_{12} aus Tabellen oder *Matlab* ermittelt werden:

$$\beta_{12} = -norminv\left(P_{f,tot}\right) = 4.22 \qquad (7.13)$$

$$\beta_l = \beta - 1.5 = 2.72 \qquad (7.14)$$

Jahre	P_f	β
1	0.00096761	3.10
2	0.00193429	2.89
3	0.00290003	2.76
4	0.00386484	2.66
5	0.00482871	2.59

Tabelle 41. Restnutzungsdauer infolge des Zuverlässigkeitsindex für das konservative Verkehrsmodell.

Fall mit angepassten bimodalen Verkehrsmodell

Für das bereits vorgestellte bimodale Verkehrsmodal resultiert ein höherer Zuverlässigkeitsindex, da die Verkehrslasten im ersten Modell konservativ gewählt wurden. Die ergibt eine höhere Restnutzungsdauer:

Jahre	P_f	β	Jahre	P_f	β
1	0.00019262	3.5500	9	0.00173221	2.9232
2	0.0003852	3.3632	10	0.00192449	2.8903
3	0.00057774	3.2496	11	0.00211674	2.8602
4	0.00077024	3.1669	12	0.00230895	2.8325
5	0.00096271	3.1015	13	0.00250112	2.8069
6	0.00115514	3.0471	14	0.00269325	2.7830
7	0.00134753	3.0005	15	0.00288535	2.7605
8	0.00153989	2.9597	16	0.00307741	2.7394

Tabelle 42. Restnutzungsdauer infolge des Zuverlässigkeitsindex für das angepasste Verkehrsmodell.

Daraus ergibt sich eine deutlich längere Restnutzungsdauer, wobei ein Monitoringsystem installiert werden muss, um den steigenden und wachsenden Verkehr zu erfassen und allenfalls das Verkehrsmodell angepasst werden muss. Ausserdem sind gewisse Einschränkungen notwendig, da sich der Zuverlässigkeitsindex schon im Bereich von β_r («repair») befindet.

Trotzdem wird deutlich, dass gerade im Verkehrsmodell bei zahlreichen Brücken sehr grosse Reserven liegen.

7.7   Verstärkte Brücke: UHFB

Aufgrund der ungenügenden Zuverlässigkeit der bestehenden Brücke müssen **Verstärkungsmassnahmen** angebracht werden, um den Verkehr uneingeschränkt weiterzuführen. Dies ist anzustreben, denn der Standort kann mit dem heutigen Verkehrsaufkommen nicht reduziert werden. Als Verstärkungsmassnahme bietet sich eine verstärkende Schicht von UHFB an. Der hochfeste Beton bringt zahlreiche Vorteile mit sich, welche im VMII bereits erläutert wurden. Abschliessend wird die Brücke mit der verstärkenden Betonschicht untersucht. Auch wird die Dicke dieser Schicht, sowie die Bewehrung probabilistisch bestimmt. Damit sind eine wirtschaftliche und nachhaltige Optimierung und Anpassung der Brücke möglich.

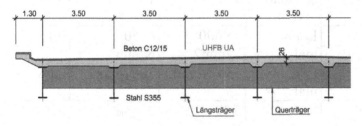

Abbildung 70. Brückenträger mit UHFB-Verstärkung.

Auch hier gilt es zu erwähnen, dass bevor eine solche Massnahme definiert wird, Messungen vor Ort notwendig sind. So müssten zumindest Bewehrungsüberdeckung und die Höhe der Platte sicherlich an mehrere Stellen gemessen und statistisch ausgewertet werden. Dies wird hier mit einer plausiblen Annahme stellvertretend gemacht.

7.7.1 Probabilistische Modellierung

In einer Studie über das stochastische Verhalten von UHFB werden Angaben zu Mittelwerten und Standardabweichungen gemacht. Diese werden im Rahmen dieser Arbeit übernommen und sind in der untenstehenden Tabelle dargestellt. In der brasilianischen Studie wurde das Materialverhalten des UHFB ebenfalls in ABAQUS modelliert [55].

Basisvariable	Verteilung	Mittelwert	Standardabweichung	COV
f_{cU}	Normalverteilt	140 N/mm2	11 N/mm2	0.08
f_{ct}	Normalverteilt	9.5 N/mm2	1.9 N/mm2	0.2
ε_{uc}	Normalverteilt	4.76 ‰	1.8 ‰	0.39
E	Lognormal	45'000 N/mm2	6750 N/mm2	0.15
f_{sy}	Lognormal	550 N/mm2	30 N/mm2	0.06
ε_{yd}	Normalverteilt	5 %	3.5 ‰	0.7

Tabelle 43. Zusammenstellung der Basisvariablen für UHFB [55].

An der Universität Stellenbosch in Südafrika wurde das Verhalten des UHFB probabilistisch untersucht, dabei wurde ebenfalls in einer FE-Software das Tragverhalten modelliert und mit Versuchen verglichen [56]. Es wurde folgendes «Concrete-Damage Modell» in der FE-Software Abaqus verwendet:

Variable		Wert	
Dilatanzwinkel		30°	
K		0.66	
Viskositätsparameter		0	
Druck-Verhalten		**Zug-Verhalten**	
Spannung [N/mm²]	**Dehnung (Inelastisch)**	**Spannung [N/mm²]**	**Dehnung (Rissspannung)**
134	0	4.6	0
147	0.01	9.2	0.023
85	0.06	11.3	0.047

Tabelle 44. Nichtlineares Modell mit den jeweiligen Parametern für **UHFB [56]**.

Mit diesen Werten wurde das Materialverhalten ebenfalls in Abaqus modelliert. Die UHFB-Schicht wurde im vollen Verbund modelliert *(Composite Section)*. Auch werden Aussagen zur Korrelation der einzelnen Basisvariablen gemacht. Die Basisvariablen werden unkorreliert modelliert, obwohl man eine Korrelation zwischen dem E-Modul und den Druckspannungen implementieren könnte. Im Rahmen der probabilistischen Betrachtung wurde wiederum mit «Surrogate Models» gearbeitet. Im Rahmen der Verwendung mit Abaqus wurden ebenfalls das PCE- und PCK-Verfahren mit generiertem Parameter durch das LHS-Verfahren angewendet.

7.7.2 Maximales Moment vs. Biegewiderstand

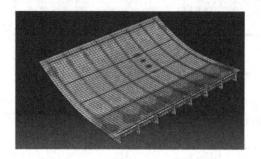

Abbildung 71. Maximales Biegemoment in X-Richtung in UHFB-Modell.

i	X_k	Bezeich-nung	Vertei-lung	Mittel-wert μ	Stan-dardabw. σ	V_x
1	E1	E-Modul Beton be-stehend	Log-Normal	30'000 N/mm²	4'500 N/mm²	15%
2	E2	E-Modul UHFB	Log-Normal	46'500 N/mm²	6975 N/mm²	15%
3	EG	Eigenge-wicht	Log-Normal	6.5 kN/m²	0.325 kN/m²	5%
4	AL1	Auflast Fahrbahn	Log-Normal	4.1 kN/m²	0.41 kN/m²	10%
5	AL2	Auflast UHFB	Lognor-mal	1.25 kN/m²	0.125 kN/m²	10%
6	T1	Ver-kehrsein-zellast 1	Bimodale Verteilung, Kernel Density Smoothing			
7	T2	Beweh-rungsfläche 2				

8	Tv	Verteilte Verkehrs-last	Gumbel	3.6 kN/m^2	$0.55 \ kN/m^2$	15%
9	f_{sy}	Fliess-grenze Stahl	Log-Normal	396 N/mm^2	$28 \ N/mm^2$	7%
10	As	Beweh-rungsfläche	Log-Normal	942 mm^2	$28 \ mm^2$	3%

Tabelle 45. Zusammenstellung der Basisvariablen.

Durch die UHFB-Schicht wird die statische Höhe grösser, dementsprechend wird der Biegewiderstand erhöht. Das zusätzliche Eigengewicht durch die UHFB-Schicht wurde mit einem Variationskoeffizienten von 10% stochastisch modelliert. Die dementsprechende Grenzzustandsfunktion ist nachfolgend dargestellt.

Grenzzustandsfunktion:

$$M_{Rd} = A_s \cdot f_s \cdot \left(d_{neu} - \frac{A_s \cdot f_s}{2 \cdot b \cdot f_c} \right) = 91.1 kNm \qquad (7.15)$$

$$g(X) = M_{rd} - M(X) \qquad (7.16)$$

$d_{neu} = 242$ mm

Die Grenzzustandsfunktion wurde mit den jeweiligen Basisvariablen als Surrogate-Modell in UQLab ausgewertet.

PCK	FORM (Surrogate Model)	4.65	1.68e-6
	SORM (Surrogate Model)	4.72	1.19e-6
	UQ-Link – Abaqus (LHS-MCS)	-	-
	UQ-Link – Abaqus (LHS-AK-MCS)	-	-
Analytisch	MCS ($N=10^6$)	4.73	$6.00{\cdot}10^{-6}$
	FORM	4.57	$2.34{\cdot}10^{-6}$
	SORM (Breitung)	4.53	$9.72{\cdot}10^{-4}$
	AK-MCS ($N=50$)	4.75	$8.72{\cdot}10^{-4}$

Tabelle 46. Zusammenstellung der probabilistischen Verfahren mit PCK und Vergleich mit den analytischen Resultaten.

Man sieht hier, dass bei kleinen Versagenswahrscheinlichkeit die Streuung der jeweiligen Verfahren grösser wird. Wie erwartet und auch im User-Manual von UQ-Link erwähnt, gibt die MCS und hier auch das AK-MCS für kleine Versagenswahrscheinlichkeiten keine Resultate mehr.
Die Gründe für die höhere Zuverlässigkeit der Auswertung des Abaqus-Modells sind folgende:
- Genauere Modellierung der Verkehrslasten
- Im Analytischen Modell wurde auf der Einwirkungsseite ein Modellfaktor von 1.2 verwendet.

FORM-Resultate mit Surrogate Models

	Mittelwerte X_d	Sensitivität α^2	Sicherheits-faktoren γ
E1	42'800 N/mm²	0.31	1.42
E2	41'900 N/mm²	0.00	0.93
EG	6.60 kN/m²	0.00	1.02
AL1	4.08 kN/m²	0.00	1.07
AL2	1.25 kN/m²	0.00	1.00
T1	147 kN	0.20	2.22
T2	145 kN	0.19	2.22
Tv	3.72 kN/m²	0.00	1.05
f_s	335 N/mm²	0.24	0.85
A_s	915 mm²	0.04	0.97

Tabelle 47. Resultate der FORM-Analyse mit Sensitivitätsfaktoren und angepassten Teilsicherheitsbeiwerten.

7.7.3 Nachweis Schubtragfähigkeit

Bereits im VM II wurde erläutert, dass eine UHFB-Schicht den Schubwiderstand deutlich erhöhen kann. Auch dieses Modell wurde in mit der Schnittstelle UQ-Link-Abaqus untersucht.

$$g(V_{R,sy}) = U_{R,sy} \cdot \left(A_{sw} \cdot f_y \cdot \cot\alpha \cdot \sin\alpha + V_{Rd,c} + V_{Rd,u} \right) - U_E \cdot \left(V_{g1} + V_{g2} + V_Q + V_q \right)$$
(7.17)

Bereits im VMII wurden analytische Grenzzustandsfunktionen ausgewertet, welche aufzeigten, dass die Zuverlässigkeit gegen ein Schubversagen massiv steigt. Deshalb wurde an dieser Stelle auf eine Analyse mit UQLink verzichtet.

7.7.4   Ermittlung Restnutzungsdauer

Mit der zusätzlichen UHFB verbessert sich einerseits die Gebrauchstauglichkeit: Die fehlende Bewehrung auf der Plattenoberseite kann zu zahlreichen Schwindrissen führen. Dadurch kann durch Feuchtigkeit und das Eindringen von Tausalzen der Korrosionsprozess beschleunigt werden. Dies ist ein grosser Vorteil der zusätzlichen UHFB-Schicht. Auf der Seite der Tragfähigkeit verbessern sich die Nachweise in Feldmitte deutlich. Strebt man einen konservativen Zuverlässigkeitsindex von 4.2 an, beträgt die Nutzungsdauer noch immer 10 Jahre.

Jahre	P_f	β
1	1.25893E-06	4.7067
2	2.51785E-06	4.5633
3	3.77677E-06	4.4775
4	5.03569E-06	4.4156
5	6.29461E-06	4.3671
6	7.55353E-06	4.3271
7	8.81244E-06	4.2930
8	1.00714E-05	4.2633
9	1.13303E-05	4.2369
10	1.25892E-05	4.2132

Tabelle 48. Zuverlässigkeitsindex und Restnutzungsdauer.

Zusammenfassend kann gesagt werden, dass mit einer zusätzlichen UHFB-Schicht die Zuverlässigkeit stark gesteigert werden kann. Auch die Gebrauchstauglichkeit (Rissbreiten,

Rissverteilung) kann dadurch stark verbessert werden. Die zusätzliche Last infolge des Überbetons kann von den Stahlträgern aufgenommen werden. Die Betrachtungen wurden mit dem adaptierten bimodalen Verkehrsmodell durchgeführt. Allerdings bedeutet die Aufbringung einer zusätzlichen UHFB einen starken Eingriff in den Strassenverkehr. Die Brücke müsste dann jeweils einseitig gesperrt werden und es ist eine Temporeduktion erforderlich.

Grundsätzlich lohnt sich diese Massnahme und führt zu einem wirtschaftlichen Endresultat mit verlängerter Restnutzungsdauer, welche mit einem Monitoring-System noch zusätzlich erhöht werden kann.

8 Zusammenfassung und Schlussfolgerung

8.1 Zusammenfassung

Im dritten und letzten Part dieser dreiteiligen Arbeit im Master-Studium in Bauingenieurwesen wurden verschiedenen Aspekte aus den ersten beiden Vertiefungsmodulen vertieft und weiter betrachtet. In **Kapitel 2** wurden die Grundlagen für Bauwerke im Bestand bezüglich einer probabilistischen Bemessung rekapituliert. Die wichtigsten Punkte zur Zuverlässigkeitstheorie in Verwendung mit dieser Master-Thesis sind in **Kapitel 3** aufgeführt. So auch die nennenswerten und relevanten Punkte in Bezug und Anwendung auf das Bauingenieurwesen in **Kapitel 4**. Besonders erwähnenswert ist das bimodale Verkehrsmodell, welches ermittelt und für die Abaqus Simulationen in UQLab eingebunden wurde. In **Kapitel 5** wird der generelle Algorithmus für Finite-Element-Programme mit Einbezug von stochastischen Basisvariablen zusammenfassend dargestellt. Die beiden Hauptthemen der Arbeit liegen **in Kapitel 6 und 7**. So wurden zwei Schwerpunkte gesetzt: Eine schwimmend-gelagerte Brücke wurde mittels Push-Over-Versuchen auf das verformungsbasierte Verhalten untersucht und mittels Fussquerkraft und vorhandener Verschiebeduktilität auf die Versagenswahrscheinlichkeit zurück gerechnet. Dieses Beispiel wurde einerseits mit der Deformationsmethode, aber auch mit dem FE-Programm Abaqus untersucht und die Resultate verglichen. Somit wurde die Brücke zum eigens im Matlab programmierten Algorithmus und einer herkömmlichen FE-Software geschlagen (**Kapitel 6**).
Danach wurde mit der probabilistischen Betrachtung einer

T. Zeder, *Ein Beitrag zur probabilistischen Nachweisführung von bestehenden Tragwerken mit NLFEM und UQ-Lab*, BestMasters,
https://doi.org/10.1007/978-3-658-42185-4_8

Strassenbrücke in Stahl-Beton-Verbundbau, welche gut 80 Jahre alt ist, ein reales Beispiel betrachtet. Die Brücke wurde in Abaqus mit nicht-linearen Materialstoffgesetzen modelliert. Das Modell ist in Kapitel 7.6 aufgezeigt. Während im Vertiefungsmodul II nur analytische Grenzzustandsfunktionen probabilistisch untersucht wurden, wurde mit dem Programm UQLink eine Verknüpfung mit Abaqus hergestellt und weitergeführt. Diese implementiert streuende Basisvariablen direkt in ein FE-Programm und generiert mit dem LHS verschiedene Modellantworten aus dem FE-Modell. Es sind neben diversen Verteilungsfunktionen wie Log-Normal oder Gumbel auch bimodale Datensätze verwendbar. So wurde ein brückenspezifisches Verkehrsmodell in Form einer bimodalen Verteilung erarbeitet und in das Modell eingefügt. Damit können neben der Zuverlässigkeit und Versagenswahrscheinlichkeit auch Sensitivitätsfaktoren bestimmt werden, woraus wiederum Aussagen zur Restnutzungsdauer möglich sind.

Es wurde somit ein probabilistisches Nachweiskonzept entwickelt, wo ein FE-Modell mit GUI probabilistisch betrachtet werden kann. Aus der FORM-Analyse der Surrogate Models können angepasste, auf die Restnutzungsdauer angepasste Teilsicherheitsbeiwerte generiert werden. Da in diesem Fall die Restnutzungsdauer sehr kurz ist, werden Verstärkungsmassnahmen in Form eines UHFB-Überbetons in Verbund mit der bestehenden Fahrbahnplatte in Stahlbeton diskutiert und deren Einfluss aufgezeigt. Bereits mit einer zusätzlichen UHFB-Schicht von 5cm steigt die Zuverlässigkeit und damit auch die Restnutzungsdauer massiv an. Allerdings wäre für den Einbau einer solchen Schicht eine Teil-Sperrung der Brücke notwendig. Generell war es Ziel der Arbeit, das schematische Vorgehen und das Potential von probabilistischen Nachweismethoden in Verknüpfung mit einer nicht-linearen FE-Software aufzuzeigen.

8.2 Folgerung

Aus den drei Thesen des Masterstudiums gehen zahlreiche Vorteile der probabilistischen Bemessung hervor. Da tausende Brücken ihr «Lebensalter» gemäss Nutzungsvereinbarung in den nächsten Jahren erreichen werden, lohnen sich probabilistische Verfahren mehr und mehr und es können somit Millionen an Geldeinheiten gespart werden oder genauere Aussagen bezüglich Zuverlässigkeit gemacht werden.

Mit einer Sensitivitätsanalyse können die relevanten und massgebenden Parameter bestimmt und allenfalls unwichtige weggelassen werden, was den Rechenaufwand stark minimieren kann.

Ausserdem ist die Berücksichtigung von Schäden möglich, welche im Rahmen dieser Arbeit nach Braml [40] angewendet wurden. Durch ergänzende Monitoringsysteme können weitere Unsicherheiten eingeschränkt werden. Somit ist eine kostenoptimierte Planung auf Basis der Sensitivitätsanalyse möglich.

Die realitätsnahe Bewertung der Zuverlässigkeit mit realitätsnahem Modell durch Abbildung des nicht-linearen Verhaltens ist mit den geeigneten Softwares möglich und liefert sehr gute Resultate bei verhältnismässig wenigen Simulationen. Die zuverlässigkeitsbasierte Betrachtung kann ergänzend zum semiprobabilistischen Nachweiskonzept angewendet werden.

Dadurch können auch bauwerksbezogener Teilsicherheitsbeiwerte beigezogen werden, sowie das in den ersten beiden Vertiefungsmodulen bereits angewendet wurde. Damit kann

wieder auf das semi-probabilistische Nachweiskonzept geschlossen werden. Es können also in Verbindung mit der vorgestellten Methoden Nachweise mit herkömmlichen Statik-
Programmen geführt werden, indem man die Teilsicherheitsbeiwerte zuerst kalibriert und auf das Bauwerk und die Restnutzungsdauer anpasst. Ein grosser Vorteil ist abschliessend
die Lebensdauerprognose sowie Restnutzung des Tragwerks:
Stochastische Modelle für Korrosion, Karbonatisierungsfort-
schritt zum Beispiel aus [8] oder aus UQLab mittels Stochastischer Zufallsfelder dienen dabei als Hilfsmittel. Diese können nach den zukünftigen Zustandsveränderungen durch
beispielsweise Instandsetzungsmassnahmen angepasst und ergänzt werden.
Somit kann gesagt werden, dass eine Implementierung der Al-
gorithmen in ein kommerzielles Programm mit graphischem
User-Interface nun möglich ist. Schmid [22] nannte dies als
Ausblick seiner der Ausblicke seiner sehr ausführlichen und
gelungenen Master-Thesis. Mit Abaqus-UQLab ist eine be-
nutzerfreundliche Interaktion mit Berücksichtigung von
Streuungen und Korrelationen nun möglich.

8.3   Ausblick

Grundsätzlich kann die in dieser Arbeit vorgestellte Vorgehensweise auf beliebige bestehende Tragwerke angewendet
werden. Die Möglichkeiten mit UQLab sind dabei fast unbe-
grenzt. Dabei ist neben den notwendigen Wissensgrundlagen
bezüglich der Zuverlässigkeitstheorie auch eine Software mit
grosser Rechenleistung notwendig, um in einer absehbaren
Zeit aussagekräftige Resultate mit den Sampling-Verfahren
zu erhalten. Der Schwerpunkt wurde in dieser Arbeit auf die
Modellierungsseite gelegt. Das Modell könnte noch verfeinert

und genauer in Abaqus modelliert werden, allerdings steigt der Rechenaufwand rapide und die Ergebnisse werden nur bedingt genauer. Die vertiefte **Betrachtung von Korrelationen**, vor allem auf der Einwirkungsseite wären eine weitere Möglichkeit, um gerade Verkehrslasten noch besser abzubilden. Ausserdem sind für eine realitätsnahe Abbildung **Messdaten** auf Einwirkungs- und Widerstandsseite notwendig. Diese standen im Rahmen dieser Arbeit nicht zur Verfügung. Konkret beinhaltet dies Messdaten zur Bewehrungsüberdeckung und -Abstand, sowie fortgeschrittene Karbonatisierungstiefen. Auf der Einwirkungsseite sind genaue Messungen des Strassenverkehrs notwendig, um ein **passendes Verkehrsmodell** für das jeweilige Bauwerk zu erstellen. Dieses kann dann wiederum zum Beispiel als bimodale Verteilung in UQLab implementiert werden.

Zur Bestimmung der Zielzuverlässigkeit stützte man sich im Rahmen dieser Arbeit auf verschiedene Literaturquellen. Die Bestimmung der Zielzuverlässigkeit ist in Kapitel 2.3 kurz vorgestellt und beinhaltet verschieden Kosten und Versagenskonsequenzen. Dabei darf das Individualrisiko niemals vergessen gehen. Auch können noch verschiedene Verstärkungsmassnahmen in Betracht gezogen werden. Schon zahlreiche Brücken wurden mit der vorgeschlagenen UHFB-Variante saniert. Als weiterer Ausblick und Weiterführung könnte eine Verknüpfung von UQLab mit praxisnahen Statik-Softwares wie CUBUS oder AxisVM in Betracht gezogen werden. Damit könnte man ein breiteres Feld an projektierenden und überprüfenden Bauingenieuren ansprechen. Es gibt auch die bereits beschriebene Möglichkeit, angepasste Teilsicherheitsbeiwerte aus der probabilistischen Analyse eines Fachspezialisten herbeizuziehen und dann die Nachweise wieder semi-probabilistisch zu führen. Im Bereich der probabilistischen

Bemessung oder Nachrechnung von Brücken gibt es sehr grosses Potential und wird in Zukunft noch viel mehr an Bedeutung gewinnen. Man muss dabei allerdings ein breites Zielpublikum ansprechen können.

9 Verzeichnisse

9.1 Literaturverzeichnis

[1] ASTRA, Tragsicherheit der bestehenden Kunstbauten, Bern: Schweizerische Eidgenossenschaft, 2009.

[2] B. Sudret und S. Marelli, «UQLab: A Framework for Uncertainty Quantification in MATLAB,» in *The 2nd International Conference on Vulnerability and Risk Analysis and Management (ICVRAM 2014)*, Universitiy of Liverpool, United Kingdom, 2014, pp. 2554-2563.

[3] JCSS, Joint Commitee on Structural Safety - Probabilistic Model Code: Teile 1-3, RILEM, 2001.

[4] SIA, Norm SIA 269: Grundlagen der Erhaltung von Tragwerken, Zürich: SIA, 2013.

[5] A. Kenel, Grundlagen der Projektierung. Teil 1: Statistische Grundlagen und Konzepte., Horw: Hochschule Luzern, 2020.

[6] J. Schneider, Sicherheit und Zuverlässigkeit im Bauwesen, Zürich: Hochschulverlag, 1994.

[7] SIA, SIA 269 - Grundlagen der Erhaltung von Tragwerken, Zürich: SIA, 2011.

[8] SIA, «SIA 260 - Grundlagen der Projektierung,» Zürich, 2013.

[9] T. Braml und O. Wurzer, «Probabilistische Berechnungsverfahren asl zusätzlicher Baustein der ganzheitlichen Bewertung von Brücken im Bestand,» Ernst&Sohn, Berlin, 2002.

[10] T. Braml, «Zur Beurteilung der Zuverlässigkeit von Massivbrücken auf der Grundlage der Ergebnisse von

T. Zeder, *Ein Beitrag zur probabilistischen Nachweisführung von bestehenden Tragwerken mit NLFEM und UQ-Lab*, BestMasters,
https://doi.org/10.1007/978-3-658-42185-4

Überprüfungen am Bauwerk,» Universität der
Bundeswehr München, München, 2010.

[11] K. Bergmeister und U. Santa, «Brückeninspektion und -
überwachung. Betonkalender 2004, Teil 1.,» Ernst &
Sohn Verlag, Berlin, 2004.

[12] V. Boros, Zur Zuverlässigkeitsanalyse von
Massivbrücken für aussergewöhnliche
Bedrohungsszenarien, Stuttgart: Universität Stuttgart,
2012.

[13] S. Ghasemi und A. Nowak, Target reliability for bridges
with consideration of ultimate limit state, Auburn:
Eingineering Structures, 2017.

[14] A. M. Fischer, «Bestimmung modifizierter
Teilsicherheitsbeiwerte zur semiprobabilistischer
Bemessung von Stahlbetonkonstruktionen im Bestand,»
Kaiserslautern, 2010.

[15] SIA, «SIA 269/8 - Erhaltung von Tragwerken -
Erdbeben,» SIA, Zürich, 2018.

[16] A. Dazio und T. Wenk, Erdbebensicherung von
Bauwerken II, Zürich: ETH-Zürich, 2008.

[17] K. Thoma, Stochastische Betrachtung von Modellen für
vorgespannte Zugelemente, Zürich: ETH Zürich, 2004.

[18] G. Spaethe, Die Sicherheit Tragender
Baukonstruktionen, Berlin: Springer, 1992.

[19] G. Heumann, «Zuverlässigkeitsorientierte Bewertung
bestehender Bauwerke aus Stahlbeton und Spannbeton,»
MPA Braunschweig, Braunschweig, 2014.

[20] T. Zeder, «Probabilistische Bemessung – Erarbeitung
der Grundlagen / Einführung in das Tool UQ-Lab,»
HSLU, Horw, 2021.

[21] C. Lataniotis, E. Torre, S. Marelli und B. Sudret, UQ-Lab user manual - The Input module, Report #UQLab-V1.4-102, Zürich: ETH Zürich, chair of risk, safety and Uncertainty Quantification, 2021.

[22] B. Sudret, Lecture Notes on Uncertainty Quantification, Zürich: ETH Zürich, 2021.

[23] B. Schmid, Probabilistische Strukturanalyse mit deterministischen Finiten Elementen., Horw: Hochschule Luzern, 2017.

[24] E. 1. (Norm), Grundlagen der Tragwerksplanung und Einwirkungen auf Tragwerke - Teil 1 Grundlagen der Tragwerksplanung", Berlin: Beuth Verlag, 1995.

[25] O. Klingmüller und U. Bourgund, Sicherheit und Risiko im konstruktiven Ingenieurbau, Braunschweig: Friedr. Vieweg & Sohn Verlagsgesellschaft mbH, 1992.

[26] B. Sudret und S. U. Marelli, User manual - Structural reliability (Rare event estimation), Zürich: ETH, 2021.

[27] M. Rosenblatt, Remarks on a Multivariate Transformation, Baltimore: The Annals of Mathematical Statistics, Institut of Mathematical Statistics, 1969.

[28] S. Marelli, C. Lamas, C. M. C. Konakli, P. Wiederkehr und B. Sudret, «UQLab user Manual - Sensitivity analysis, Report #UQLab-V1.4-106,» ETH Zürich, Zürich, 2021.

[29] M. Hansen, Zur Auswirkung von Überwachungsmassnahmen auf die Zuverlässigkeit von Betonbauteilen., Hannover, 2004.

[30] M. Lemaire, Structural Reliability, London: wiley, 2009.

[31] A.-M. Hasofer und N.-C. Lind, Exact and invariant second moment code format, Journal of Engineering mechanics 100(1), 1974.

[32] A. Olsson, G. Sandberg und D. O., «On Latin Hypercube sampling for structural reliability analysis,» Lund University, Lund, 2002.

[33] B. Sudret und S. Mareli, «Structural Reliability and Risk Analysis - lecture notes,» ETH Zürich, Zürich, 2021.

[34] T. Moser, Probabilistische Analyse von Betonbrücken, Stuttgart: Südwestdeutscher Verlag für Hochschulzeitschriften, 2015.

[35] R. Schöbi, S. Marelli und B. Sudret, UQLab user manual - Polynominal Chaos Kriging, Report UQLab-V2.0-109, Zürich: Chair of Risk, Safety and Uncertainty Quantification, ETH Zurich, 2022.

[36] B. Sudret, M. Berveiller und G. Blatman, Response Surfaces based on Polynominal Chaos Expansions, Zürich: ETH Zürich, 2011.

[37] B. Sudret, Uncertainty propagation and sensitivity analysis in mechanical models., Université Blaise pascal: Université Blaise pascal, 2007.

[38] M. A. Hirt und T. Meystre, «Überprüfung bestehender Strassenbrücken mit aktualisierten Strassenlasten,» EPFL, Bern, 2006.

[39] T. Zeder, «Vertiefungsmodul II: Probabilistische Bemessung - Anwendung probabilistischer Nachweismethoden auf eine bestehende Strassenbrücke,» HSLU, Horw, 2022.

[40] E. Eichinger, Beurteilung der Zuverlässigkeit besthender Massivbaubrücken mit Hilfe probabilistischer Methoden, Wien: TU Wien, 2003.

[41] C. von Scholten, E. lb, T. Arnbjerg-Nielsen, S. Randrup-Thomsen, M. Sloth, S. Engelund und M. Faber, Reliability-Based Classification of the Load carrying Capacity of Existing Bidges, Kopenhagen: Road Directorate, Ministry of Transport, Denmark, 2004.

[42] T. Braml und O. Wurzer, «Probabilistische Berechnungsverfahren als zusätzlicher Baustein der ganzheitlichen Bewertung von Brücken im Bestand,» Ernst&Sohn, Berlin, 2002.

[43] B. u. S. Bundesministerium für Verkehr, «Richtlinie zur Nachrechnung von Sttrassenbrücken im Bestand,» 2011.

[44] B. Schmid, «Zuverlässigkeit und Kosteneffizienz von tragwerken - Kriterien und normative Hintergründe,» Risk and Safety, Aarau, 2021.

[45] T. Moser, A. Strauss und K. Bergmeister, «Teilsicherheitsbeiwerte für bestehende Stahlbetonbauwerke,» Ernst & Sohn, Berlin, 2011.

[46] K. Thoma, Baustatik 3 - Deformationsmethode, Horw: Hochschule Luzern, 2018.

[47] A. Ferreira und N. Fantuzzi, «MATLAB Codes for Finite Element Analysis,» Springer, Cham, 2020.

[48] M. Steiner-Curtis, «Applied Statistics and Data Analysis,» FHNW, Windisch, 2021.

[49] B. Sudret, S. Marelli und M. Moustapha, «UQLab user manual – The UQLINK module, Report # UQLab-V1.4-110,» Chair of Risk, Safety and Uncertainty Quantification, ETH Zürich, Zürich, 2021.

[50] T. Zeder, Abaqus - UQLink. Die Schnittstelle - Angewendet auf baupraktische Beispiele, Horw: HSLU, 2022.

[51] SIA, SIA 262 - Betonbau, Zürich: SIA, 2013.

[52] JCSS, «General Principles, JCSS Probabilistiic Model - Part 3: Resistance Models, 2.Draft,» 2014.

[53] J. Reichenbach, M. Götter und S. Kasic, «Bauwerk 6416-507an der AS Mannheim-Sandhofen - Nachrechnung der Richtlinie zur Nachrechnung von Strassenbrücken im Bestand,» Harrer Ingenieure, Karlsruhe, 2011.

[54] SIA, «SIA 261 - Einwirkungen auf Tragwerke,» Zürich, 2020.

[55] H. Kroetz und G. Gidrao, «Reliability Assesment of Ultra-High-Performance Fiber-Reinforcement Cocnrete (UHPFRC),» Ibracon, Florianopolis, 2020.

[56] L. Simwanda, N. De Koker und V. C., «Structural Reliability of Ultra-High-Performance Fibre Reinforced Concrete Beams in Flexure,» Stellenbosch University, Stellenbosch, 2021.

9.2 Abbildungsverzeichnis

9.3 Tabellenverzeichnis

Bezeichnungen

a) Lateinische Grossbuchstaben

A	Beschleunigung aus dem elastischen Antwortspektrum (*acceleration*)
A_s	Bewehrungsfläche
C_X	Kovarianzmatrix
E_{cm}	Mittelwert des Elastizitätsmoduls von Beton
E_s	Elastizitätsmodul von Betonstahl
E_{sv}	Elastizitätsmodul von Betonstahl bei der Verfestigung
M	Masse
M_d	Schnittgrösse in Form eines Biegemoments
M_R	Biegewiderstand
N	Anzahl Monte-Carlo-Simulationen
N_f	Anzahl Versagensfälle bei der Monte-Carlo-Simulation
P	Eintretenswahrscheinlichkeit eines Ereignisses
$P_{f,Parallel}$	Versagenswahrscheinlichkeit eines Parallelsystems
$P_{f,Serie}$	Versagenswahrscheinlichkeit eines Seriesystems
R	Widerstand
R	Korrelationsmatrix der Grenzzustände
R_0	Korrelationsmatrix unter Berücksichtigung der Nataf-Transformation
R_X	Korrelationsmatrix
R_y	Reduktionsbeiwert
S	Einwirkung
S_a	Spektralbeschleunigung
$S_{a,tot}$	Gesamte Spektralbeschleunigung (System- + Bodenbeschleunigung)

© Der/die Herausgeber bzw. der/die Autor(en), exklusiv lizenziert an
Springer Fachmedien Wiesbaden GmbH, ein Teil von Springer Nature 2023
T. Zeder, *Ein Beitrag zur probabilistischen Nachweisführung von bestehenden
Tragwerken mit NLFEM und UQ-Lab*, BestMasters,
https://doi.org/10.1007/978-3-658-42185-4

S_d Spektralverschiebung

T_n Natürliche Eigenschwingungsdauer, Periode

U   Normalverteilte Zufallsvariable im Standard-Normalraum (unkorreliert)

W_{el} Elastisches Widerstandsmoment

X   Zufallsgrösse, Basisvariable

X   Zufallsvektor

$\mathbf{X_d}$ Bemessungswert der Basisvariablen

$\mathbf{X_k}$ Fraktilwert der Basisvariablen

Z   Normalverteilte Zufallsvariable im Standard-Normalraum (korreliert)

Z   Vektor der normalverteilten Zufallsvariablen im Standard-Normalraum (korreliert)

b) Lateinische Kleinbuchstaben

a   Geometrische Abmessung, Parameter der Rechteckverteilung

a_{nom} Nominelle Abmessung

b   Breite des Querschnitts, Parameter der Rechteckverteilung

c   Betonüberdeckung, Dämpfung

c_{nom} Nomineller Wert der Betonüberdeckung

d   Statische Höhe

f_c Betondruckfestigkeit

f_{ck} Charakteristischer Wert der Betondruckfestigkeit (5% Fraktilwert)

f_{cm} Mittelwert der Betondruckfestigkeit

f_{ct} Zugfestigkeit von Beton

$f_S(x)$ Verteilungsdichte der Einwirkung S

f_{sk} Nennwert der Streckgrenze von Betonstahl

f_{st} Zugfestigkeit von Betonstahl

f_{sy}	Streckgrenze von Betonstahl
f_{tk}	Nennwert der Zugfestigkeit von Betonstahl
f_u	Zugfestigkeit von Baustahl
f_y	Fliessgrenze von Baustahl
m_i	i-tes zentrales Moment der Zufallsgrösse X
n	Anzahl Basisvariablen
p	Wahrscheinlichkeit
P_f	Versagenswahrscheinlichkeit
q	Wahrscheinlichkeit für den Fraktilwert, Gleich- oder Streckenlast
r	Zufallszahl im Intervall von [0,1]
r	Zufallszahlenvektor im Intervall von [0,1]
u	Koordinate im Standard-Normalraum, Verschiebung
u	Vektor der Koordinaten im Standard-Normalraum
u^*	Bemessungspunkt im Standard-Normalraum
u_y	Verschiebung beim Erreichen der Fliessgrenze
w_d	Eintretende Durchbiegung
w_{zul}	Zulässige Durchbiegung
x	Koordinate im Originalraum
x	Vektor der Koordinaten im Originalraum
x^*	Bemessungspunkt im Originalraum
x_0	Versatzmass der logarithmischen Normalverteilung
x_q	Fraktilwert, bzw. q-Fraktil
z	Koordinate im Standard-Normalraum für korrelierte Basisvariablen

c) Griechische Kleinbuchstaben

α Mass für die Wichtigkeit, Normalen Vektor im Bemessungspunkt

α Parameter der Gumbel-Verteilung

α_R Wichtungsfaktor des Widerstands R

α_S Wichtungsfaktor der Einwirkung S

β Sicherheitsindex

γ Mass für die Wichtigkeit der Basisvariablen X

γ_S Teilsicherheitsfaktor für jede Basisvariable

γ_X Schiefe der Basisvariablen X

μ Duktilität

μ_D Mittelwert der Zielverschiebung

μ_G Mittelwert der Grenzzustandsfunktion

μ_M Mittelwert der Sicherheitsmarge M

μ_R Mittelwert der Widerstands R

μ_S Mittelwert der Einwirkung S

μ_X Mittelwert der Basisvariablen X

μ_X Vektor mit Mittelwerten der Basisvariablen X

ν Querdehnzahl

ν_G Variationskoeffizient der Grenzzustandsfunktion

ν_{pf} Variationskoeffizient der Versagenswahrscheinlichkeit

ν_X Variationskoeffizient der Basisvariablen X

ρ Korrelationskoeffizient

σ_c Betondruckspannung

σ_G Standardabweichung der Grenzzustandsfunktion

σ_i Standardabweichung der Variabel Xi

σ_M Standardabweichung der Sicherheitsmarge M

σ_R Standardabweichung des Widerstands R

σ_S Standardabweichung der Einwirkung S

σ_X Standardabweichung der Basisvariablen X

d) Griechische Grossbuchstaben

Φ ()   Kumulative Standard-Normalverteilungsfunktion
Φ^{-1} ()   Inverse Standard-Normalverteilungsfunktion
Φ_n n-dimensionale Verteilungsfunktion im Standard-Normalraum

e) Abkürzungen

AK-MCS	Adapted Kriging – Montecarlo-Simulation
CDF	Cumulative Distribution Function (Verteilungsfunktion)
COV	Coefficient of Variation (Variationskoeffizient)
FEM	Finite-Element-Methode
FORM	Zuverlässigkeitsberechnung 1. Ordnung
HLRF	Hasofer-Lind-Rackwitz-Fiessler- Algorithmus
IS	Importance Sampling
KCSS	Bemessungsrichtlinie für Probabilistik
LHS	Latin Hypercube Sampling
MC, MCS	Monte-Carlo-Simulation
MLM	Maximum Likelihood Methode
PCE	Polynominal Chaos Expansion
PCK	Polynominal Chaos Kriging
PDF	Probability Distribution Function (Verteilungsdichte)
SORM	Zuverlässigkeitsberechnung 2. Ordnung
SRC	Standard Rank Correlation Indices

Anhang

Im Anhang sind ergänzende Darstellungen, Matlab-Plots, sowie Plan-Unterlagen und Resultate aus dem statischen Prüfbericht und weiteren FEM-Programmen aufgeführt. Workflows, sowie weitere Beispiele von baupraktischen Beispielen der Schnittstelle UQLink – Abaqus, wo verschiedene Grenzzustände (Biegung und Querkraft) untersucht wurden, sind enthalten. Auch wird aufgeführt, welche zusätzlichen Module im Zusammenhang mit den Themen, welche in dieser Master-Thesis behandelt wurden, besucht wurden.

Abschliessend sind auch die verwendeten Softwares (vor allem FE-Programme) aufgeführt.

Besuch zusätzlicher Module

Modul	Schule	Semester
Uncertainty Quantification	ETH Zürich	FS21
Reliability and Risk Analysis	ETH Zürich	HS21
Stochastic Modelling	MSE	FS22
Quality and Risk Management	MSE	FS22

Tabelle A.1. Besuchte Module in Zusammenhang mit Theorie der Zuverlässigkeitsanalysen.

Besonders für den Besuch der beiden ETH-Modulen gilt der Dank an Prof. Dr. Bruno Sudret und Prof. Dr. Stefano Marelli, welche die Gastvorlesung durchführten und eine Teilnahme ermöglichten.

© Der/die Herausgeber bzw. der/die Autor(en), exklusiv lizenziert an
Springer Fachmedien Wiesbaden GmbH, ein Teil von Springer Nature 2023
T. Zeder, *Ein Beitrag zur probabilistischen Nachweisführung von bestehenden Tragwerken mit NLFEM und UQ-Lab*, BestMasters,
https://doi.org/10.1007/978-3-658-42185-4

Anmerkung zu Softwareprodukten

Im Zusammenhang der Master-Thesis wurden folgende Programme und Softwares verwendet:

Name	Art	Version
Allplan	CAD-Programm	2021
ABAQUS	FEM (nicht-linear)	2020
Axis VM6	FEM	2021
CUBUS 8	FEM	2022
SeismoStruct	FEM	2021
Matlab (UQLab 2.0)	Reliability Analysis	2022

Tabelle A.2. Verwendete Software-Produkte im Rahmen der Master-Thesis.

Anhang A - UQLab – Deformationsmethode

Das generelle Vorgehen und die Verlinkung mit UQLab wurden bereits im VMII ausführlich beschrieben [40]. Der Lösungsalgorithmus wurde in Kapitel 5 dieser Arbeit aufgeführt und ist in Matlab implementiert.

A.1 Brücke unter Erdbebeneinwirkung – freie Lagerung

Das Beispiel der schwimmend gelagerten Brücke wurde für verschiedene Fälle betrachtet. So wurden auch drei Lagerungsbedingungen untersucht:
- Stützen voll eingespannt (in Kapitel 6 ersichtlich)
- Stützen einfach gelagert
- Stütze elastisch eingespannt

Aus Platzgründen sind die beiden Falle «einfach gelagert» und elastisch eingespannt» im Anhang aufgeführt.

A.1.1 Push-Over-Berechnung + ADRS Format

Für die einfach gelagerte Brücke werden folgende Steifigkeiten angesetzt:

$$EI = 2.75e7 \text{ kNm}^2$$

Dies entspricht 50% von der ursprünglichen, ungerissenen Biegesteifigkeit.

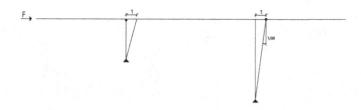

Mechanismus, einfach gelagert

Abbildung A.1. Mechanismus des statischen Systems für die Traglastberechnung.

Traglastberechnung

Im ersten Schnitt wird ein Stützenmechanismus definiert. Aufgrund der einfachen Lagerung ist für einen Stützenmechanismus nur noch ein weiteres Biegegelenk erforderlich. Die Traglast berechnet sich also folgendermassen:

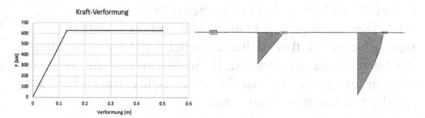

Abbildung A.2. Verformtes statisches System und ideal-plastische Push-Over-Kurve.

Die Traglast berechnet sich für diesen Fall also folgendermassen:

$$F = \frac{M_{rd}}{30m} = 603.3kN \tag{A.1}$$

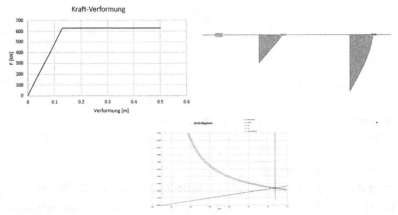

Abbildung A.3. Push-Over-Kurve im AD-RS-Format.

Aus dem AD-SR-Spektrum ist ersichtlich, dass aufgrund der grossen Verschiebungen, welche das System zulässt, das System elastisch bleibt die Verschiebeduktilität somit μ=1.0 beträgt. Dies muss bei der Ersatzkraftberechnung dann berücksichtig werden! Oft wird dies dann bei der Dimensionierung der Fundamente massgebend. Da in diesem Fall die Verschiebungen sehr gross sind, hat dies einen sehr geringen Einfluss auf die resultierende Ersatzkraft.

A.1.2 Berechnung der Versagenswahrscheinlichkeit

Auf der untenstehenden Abbildung ist bereits ersichtlich, dass das statische System für den Lastfall Erdbeben nicht sinnvoll ist.

Die Ersatzkraft wird wiederum über die modale Analyse mit der Bestimmung der ersten Eigenfrequenz berechnet. Sie beträgt in diesem Fall 367 kN. Das System ist sehr weich und hat deshalb eine sehr niedrige Eigenfrequenz, dementsprechend gross sind auch die Auslenkungen

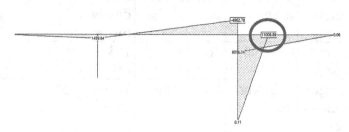

Abbildung A4. Verlauf der Biegemomente unter Erdbebeneinwirkung (CUBUS 8).

Es soll nun untersucht werden, wie hoch die Zuverlässigkeit des Biegewiderstandes der Stütze (d) ist. Das maximale Biegemoment tritt dort mit 11'000 kNm auf. Der deterministische Biegewiderstand des Stützenfusses beträgt 18'100 kNm. Damit lautet die Grenzzustandsfunktion:

$$g_1(x) = A_s \cdot f_s \cdot z - Q(6) \qquad \text{(A.2)}$$

Dabei werden die Einwirkung, also das Moment am Stützenfuss (d) und Widerstand als probabilistische Basisvariablen definiert. **Q(6)** wird dabei aus der stochastischen Auswertung Deformationsmethode ermittelt. Daraus ergeben sich neue Basisvariablen, nämlich die Querschnittsfläche A_s und die Fliessgrenze f_y. Es wird ein Sicherheitsindex von 4.2 angestrebt (grosse Versagenskonsequenzen, Betrachtungszeitraum von 50 Jahren).

Dabei korrelieren die beiden Basisvariablen A_s und f_s, was in UQLab mit einer Gauss-Copula modelliert wird (JCSS) [50].

i	X_k	Bezeichnung	Verteilung	Mittelwert μ	Standarda bw. σ	V_x	
1	F	Einzellast	Gumbel	367 kN	183.5 kN	50%	
2	EJ_{Ra}	Biegesteifigkeit	Log-Normal	$1.1e^8$ kNm^2	165e^5 kNm^2	15%	
3	EJ_{Rb}	Biegesteifigkeit	Log-Normal	$1.1e^8$kNm^2	165e^5 kNm^2	15%	
4	EJ_{Rc}	Biegesteifigkeit	Log-Normal	$1.1e^8$kNm^2	165e^5 kNm^2	15%	
5	0.5 EJ_{Sd}	Biegesteifigkeit	Log-Normal	$2.75e^7$ kNm^2	41e^5 kNm^2	15%	
6	0.5 EJ_{Se}	Biegesteifigkeit	Log-Normal	$2.75e^7$ kNm^2	41e^5 kNm^2	15%	
7	A_s	Bewehrungsfläche	Log-Normal	28670 mm^2	1'433 mm^2	5%	ρ=0.5
8	f_s	Fliessgrenze Stahl	Log-Normal	550 N/mm^2	30 N/mm^2	5%	

Tabelle A.3. Zusammenstellung der Basisvariablen.

Verfahren	Beta	P_f
MCS (N=10^6)	1.766	$3.875{\cdot}10^{-2}$
FORM	1.768	$3.88{\cdot}10^{-2}$
AK-MCS (N=41)	1.767	$3.864{\cdot}10^{-2}$

Tabelle A.4. Zusammenstellung der probabilistischen Analysen.

In diesem Fall ist die Zuverlässigkeit für hohe Versagenskonsequenten nicht gegeben, es würde sich damit eine risikobasierte Analyse (Stufe 4) lohnen, wo Kosten und Risiko optimiert werden (Kapitel 2.7). Der Zuverlässigkeitsindex ist allerdings höher als 3.8 (50 Jahre Betrachtungszeitraum).

	Mittelwerte X_d	Sensitivität $\underline{\alpha^2}$	Sicherheitsfaktoren γ
F	735 kN	0.96	2.0
EJ_{Ra}	$1.09e^8$ kNm^2	0.00	1.0
EJ_{Rb}	$1.09e^8$ kNm^2	0.00	1.0
EJ_{Rc}	$1.09e^8$ kNm^2	0.00	1.0
EJ_{Sd}	$2.83e^7$ kNm^2	0.01	1.03
EJ_{Se}	$2.58e^7$ kNm^2	0.00	1.03
k_r	$5.11e^6$ kNm/rad	0.0029	1.02
As	27'500 mm^2	0.043	0.96
fs	525 N/mm^2	0.016	0.83

Tabelle A.5. Sensitivitätsanalyse der einzelnen Basisvariablen.

Das nicht effiziente System hat eine sehr niedrige Zuverlässigkeit und weist auch fast keine Redundanz mehr auf, wodurch ein sehr «sprödes» Versagen eintreten wird. Aufgrund der Einspannung der längeren Stütze entsteht am Stützenkopf ein sehr grosses Biegemoment. Aus der probabilistischen Analyse geht hervor, dass der Mittelwert der einwirkenden Kraft 735 kN beträgt. Die Traglast des Systems liegt jedoch bei 603 kN.

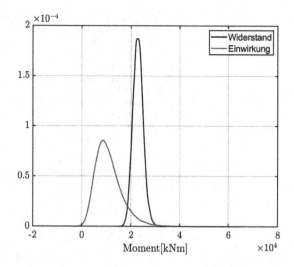

Abbildung A.5. Einwirkung vs. Widerstand: Es liegt eine hohe Versagenswahrscheinlichkeit vor (Matlab 2021).

Diskussion

Die einfach gelagerte Brücke braucht nur ein zusätzliches Gelenk für einen Stützenmechanismus und hat deswegen kaum Umlagerungspotential und eine sehr geringe Redundanz. Auch sind die Verschiebungen sehr gross und das Biegemoment am Stützenkopf ist sehr gross, sodass kaum eine wirtschaftliche Bemessung möglich ist.

A.1.3 Lösungsalgorithmus Deformationsmethode

Zur Vollständigkeit ist der Lösungsalgorithmus der Deformationsmethode mit den dazugehörigen Basisvariablen aufgeführt.

```
function Y = Bridge_EQ(X)
%%Lösungsalgorythmus Defor-
mationsmethode

%Brücke unter Erdbebenein-
wirkung

%Freie Lagerung

%Timon Zeder
%BSC 17-20
%MSC 21-22


%% E-Moduli/Geometrie und
Kräfte

F = X(1); %X(:,1)kN
EIra = X(2); % kNm2
EIrb = X(3); % kNm2
EIrc = X(4); % kNm2
EIsd = X(5); % kNm2
EIse = X(6); %m^4

La = 35; %m
Lb = 50; %m
Lc = 35; %m
Ld = 15; %m
Le = 30; %m

As = X(7);
fs = X(8);
z = 1.45; %m, innerer Hebel-
arm

%% Lösungsalgorithmus

%Kinematische Matrix defi-
nieren%

Af=[0 1 0 0 0;
0 1 0 0 0;
0 0 1 0 0;
0 0 1 0 0;
1/Ld 0 0 1 0;
1/Le 0 1 0 0;
1/Le 0 0 0 1];

%Stabsteifigkeitsmatrix er-
stellen%
K=zeros(7,7);

K(1,1)= 3*EIra/La;
K(2,2)= 4*EIrb/Lb;
K(2,3)= 2*EIrb/Lb;
K(3,2)= 2*EIrb/Lb;
K(3,3)= 4*EIrb/Lb;
K(4,4)= 3*EIrc/Lc;
K(5,5)= 3*EIsd/Ld;
K(6,6)= 4*EIse/Le;
K(6,7)= 2*EIse/Le;
K(7,6)= 2*EIse/Le;
K(7,7)= 4*EIse/Le;


%Knotenlasten%

Pf = [F 0 0 0 0]';
Pwf = [0 0 0 0 0]';

%Stabeinspannmomente Q defi-
nieren%


Q0 = [0; 0; 0; 0; 0; 0; 0];

%Globale Steifigkeitsmatrix%
Ks = Af'*K*Af;

%Lösen Gleichungssystem%
%Uf=Ks^(-1)*(Pf-P0)%
%Knotenverschiebung
Uf = Ks^(-1)*(Pf-Pwf-
Af'*Q0);

%Berechnung Stabverformun-
gen%
V=Af*Uf;


%Berechnung Stabkräfte%
Q=K*V+Q0;

%% Limit State Function
(Biegemoment)

Y = As*fs*z/1000-Q(6);end
```

Verlinkung mit UQLab:

```
%% Initialization
clearvars; clc; close all; uqlab

%% Modell
MOpts.mFile = 'Bridge_EQ_gel';
MOpts.isVectorized = false;
myModel = uq_createModel(MOpts);

%% Step B: Probabilistic Input Model
The probabilistic input model

InputOpts.Marginals(1).Name = 'F';    % Einzellast in kN
InputOpts.Marginals(1).Type = 'Gumbel';
InputOpts.Marginals(1).Moments = [367 183.5];

InputOpts.Marginals(2).Name = 'EIra';    % kNm2
InputOpts.Marginals(2).Type = 'Lognormal';
InputOpts.Marginals(2).Moments = [1.1e8 165e5];

InputOpts.Marginals(3).Name = 'EIrb';    %kNm2
InputOpts.Marginals(3).Type = 'Lognormal';

InputOpts.Marginals(3).Moments = [1.1e8 165e5];

InputOpts.Marginals(4).Name = 'EIrc';    %kNm2
InputOpts.Marginals(4).Type = 'Lognormal';
InputOpts.Marginals(4).Moments = [1.1e8 165e5];

InputOpts.Marginals(5).Name = 'EIsd';    %kNm2
InputOpts.Marginals(5).Type = 'Lognormal';
InputOpts.Marginals(5).Moments = [2.75e7 41e5];

InputOpts.Marginals(6).Name = 'EIse';    %kNm2
InputOpts.Marginals(6).Type = 'Lognormal';
InputOpts.Marginals(6).Moments = [2.75e7 41e5];


InputOpts.Marginals(7).Name = 'As';    %mm2
InputOpts.Marginals(7).Type = 'Lognormal';
InputOpts.Marginals(7).Moments = [28670 1433];

InputOpts.Marginals(8).Name = 'fs';    %N/mm2
InputOpts.Marginals(8).Type = 'Lognormal';
InputOpts.Marginals(8).Moments = [550 30];
```

```
InputOpts.Copula(1) = uq_GaussianCopula([1 0.5;0.5 1]);
InputOpts.Copula(1).Variables = [7 8];


myInput = uq_createInput(InputOpts);
uq_print(myInput)
uq_display(myInput)
```

A.2 Brücke unter Erdbebeneinwirkung – Teileinspannung

Anschliessend wurde das Original-System nach Thoma [45] betrachtet. Es besteht aus einer Teileinspannung bei den Stützenfüssen. Es wurde der gleiche Ablauf angewendet, wie bereits in Kapitel 6 beschrieben.

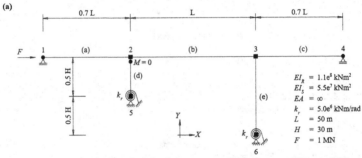

Abbildung A.6. Statisches Original-System nach Skript von Thoma [45].

A.2.1 Push-Over-Berechnungen + ADRS Format

Traglastberechnung

Aufgrund der Federsteifigkeiten des Baugrundes kann von einer ca. 27%-Einspannung ausgegangen werden. Für einen Stützenmechanismus werden in diesem Fall drei Gelenke eingeführt. Die Traglast berechnet sich also folgendermassen:

$$F = \frac{0.27 M_{rd}}{15m} + \frac{0.27 M_{rd}}{30m} + \frac{1 M_{rd}}{30} = \frac{331}{5420} M_{rd} = 1'103 kN$$
(A.3)

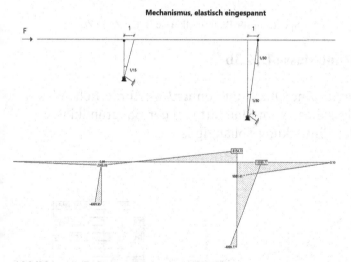

Mechanismus, elastisch eingespannt

Abbildung A.7. Stützenmechanismus und Verlauf der Biegemomente infolge der Traglast.

Der Einspanngrad entspricht einer 27%- Teileinspannung. Für Baugrundklasse **B, Z2** ist bereits eine Duktilität von **μ=1.81** erforderlich. Was aufzeigt, dass diese vom Standort und der Baugrundklasse, also von der Einwirkung abhängig ist.

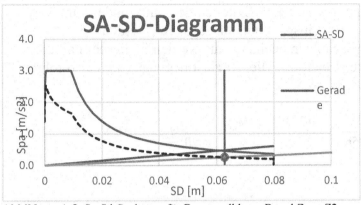

Abbildung A.8. Sa-Sd-Spektrum für Baugrundklasse B und Zone Z2.

Für Baugrundklasse D, Z3b

Hier ist bereits eine Duktilität von **µ=3.4** erforderlich. Was aufzeigt, dass diese vom Standort und der Baugrundklasse, also von der Einwirkung abhängig ist.

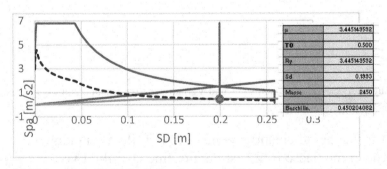

Abbildung A.9. Sa-Sd-Spektrum für Baugrundklasse D und Zone Z3b (Extremfall CH).

A.2.2 Berechnung der Versagenswahrscheinlichkeit

Anschliessend wird die Versagenswahrscheinlichkeit für das Biegeversagen bei der kürzeren Stütze berechnet. Es wird der Fall der für die **Baugrundklasse B und Erdbebenzone Z2** betrachtet.

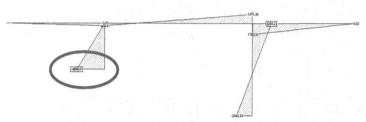

Abbildung A.10. Verlauf der Biegemomente mit maximalem Biegemomente bei der kurzen Stütze.

$$g_1(x) = A_s \cdot f_s \cdot z - Q(5) \qquad \text{(A.4)}$$

Dabei werden die Einwirkung, also das Moment am Stützenfuss (d) und Widerstand als probabilistische Basisvariablen definiert. **Q(5)** wird dabei aus der stochastischen Auswertung Deformationsmethode ermittelt. Daraus ergeben sich neue Basisvariablen, nämlich die Querschnittsfläche A_s und die Fliessgrenze f_y. Es wird ein Sicherheitsindex von 4.2 angestrebt (grosse Versagenskonsequenzen, Betrachtungszeitraum von 50 Jahren).

Dabei korrelieren die beiden Basisvariablen A_s und f_s, was in UQLab mit einer Gauss-Copula modelliert wird (JCSS) [50].

i	X_k	Bezeichnung	Verteilung	Mittelwert μ	Standardabw. σ	V_x
1	F	Einzellast	Gumbel	510 kN	255 kN	50%
2	EJ_{R_a}	Biegesteifigkeit	Log-Normal	$1.1e^8$ kNm^2	$165e^5$ kNm^2	15%
3	EJ_{R_b}	Biegesteifigkeit	Log-Normal	$1.1e^8 kNm^2$	$165e^5$ kNm^2	15%
4	EJ_{R_c}	Biegesteifigkeit	Log-Normal	$1.1e^8 kNm^2$	$165e^5$ kNm^2	15%
5	$0.5 EJ_{S_d}$	Biegesteifigkeit	Log-Normal	$2.75e^7$ kNm^2	$41e^5$ kNm^2	15%
6	$0.5 EJ_{S_e}$	Biegesteifigkeit	Log-Normal	$2.75e^7$ kNm^2	$41e^5$ kNm^2	15%

7	k_r	Fe-der-stei-figke it	Log-Nor-mal	5e6 kNm/ra d	1e6	20%	
8	A_s	Be-weh-rung sflä-che	Log-Nor-mal	28'670 mm^2	1'433 mm^2	5 %	$\rho=0.$ 5
9	f_s	Flies sgre nze Stahl	Log-Nor-mal	550 N/mm^2	30 N/mm^2	5 %	

Tabelle A.6. Zusammenstellung der Basisvariablen.

Verfahren	Beta	P_f
MCS (N=10^6)	3.90	$4.80 \cdot 10^{-5}$
FORM	3.86	$5.20 \cdot 10^{-5}$
AK-MCS (N=41)	3.88	$5.19 \cdot 10^{-5}$

Tabelle A.7. Zusammenstellung der verschiedenen probabilistischen Verfahren.

Für diesen Fall ist die Zuverlässigkeit von $\beta = 3.88$ für einen Betrachtungszeitraum von 50 Jahren genügend gross. Das Risiko kann als akzeptierbar hingenommen werden, da der Variationskoeffizient aufgrund der grossen Modellunsicherheit mit 50% sehr gross gewählt wurde.

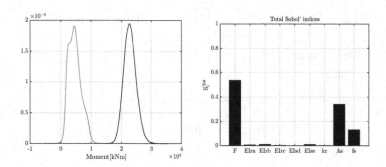

Abbildung A.11 Einwirkung und Widerstand (l.), sowie die Sensitivitätsanalyse nach Sobol (r.).

Diskussion

Dieses System ist durch die elastische Lagerung und das Gelenk bei der kürzeren Stütze ein sehr ausgeglichenes und effizientes System, welches einerseits eine grössere Duktilität zulässt, gutes Umlagerungsvermögen hat, sowie die Kräfte auf die beiden Stützen besser verteilt. Da kurze Stützen aufgrund der Steifigkeit die Last anziehen, wird diesem Effekt mit einem Biegegelenk am Stützenkopf entgegengewirkt. So geht 61% der Last auf die kürzere und 39 % der Last auf die längere Stütze. Im Vergleich: Ohne Gelenk am Stützenkopf geht 85% der Last auf die kürzere Stütze.

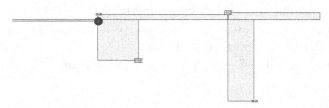

Abbildung A.12. Verlauf der Querkräfte des statischen Systems mit zusätzlichem Gelenk bei der kürzeren Stütze.

A.3 Excel AD-RS-Format

Für das ADRS-Format wurde ein Excel-File programmiert.
Die wichtigsten Auszüge daraus sind hier kurz aufgeführt.

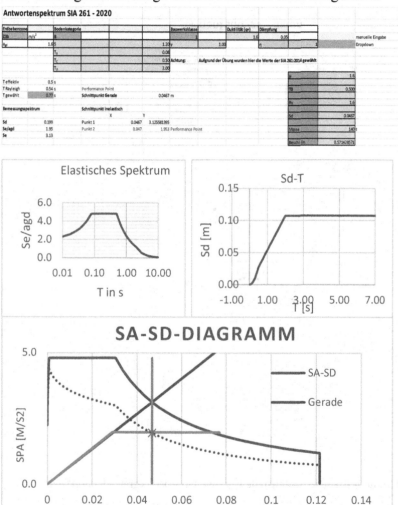

Abbildung A.13. Zusammenstellung des AD-RS-Format, erstellt mit Excel.

Anhang B   UQLab – Abaqus, Workflow UQ Link

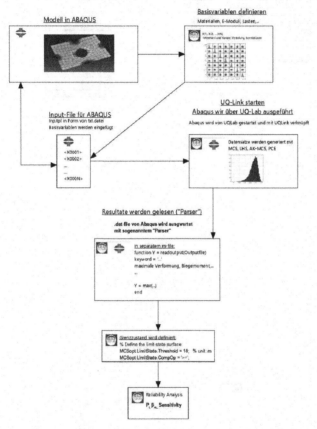

Abbildung B.1. Die Schnittstelle UQLink und Abaqus grafisch dargestellt.

Für genauere Informationen wird auf das User-Manual von UQLink [48] oder die erarbeitete Anleitung [55] verwiesen.

Anhang C Überprüfung einer bestehenden Strassenbrücke

C.1 Plangrundlagen

Grundriss:

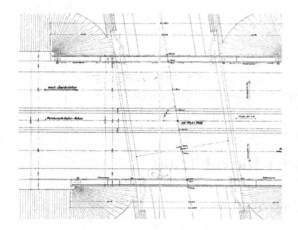

Regelquerschnitt:

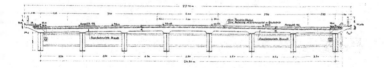

Regellängsschnitt:

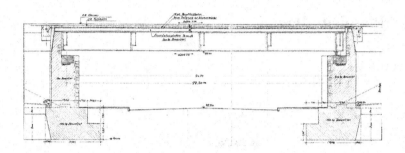

Abbildung C.1. Plangrundlagen aus dem statischen Prüfbericht.

C.2 Konstruktive Durchbildung

Bewehrung - Längsrichtung

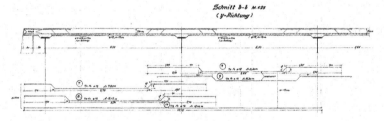

Bewehrung - Querrichtung

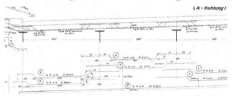

Haupt- und Querträger

 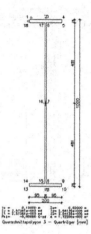

Abbildung C.2. Konstruktive Durchbildung und Geometrie der Stahlträger, aus dem Prüfbericht.

Hauptträger:

Federung in den Kreuzungspunkten:

$$k_z = 1000 \quad \text{MN/m}$$
$$k_x = 5 \quad \text{MN/m}$$
$$k_y = 5 \quad \text{MN/m}$$
$$\phi_z = 5 \quad \text{MNm/rad}$$
$$\phi_x = 5 \quad \text{MNm/rad}$$
$$\phi_y = 5 \quad \text{MNm/rad}$$

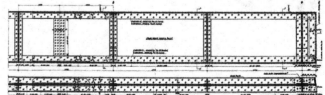

Anschluss Querträger an Hauptträger:

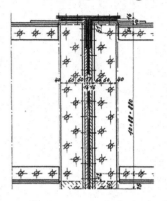

Modell InfoGraph:

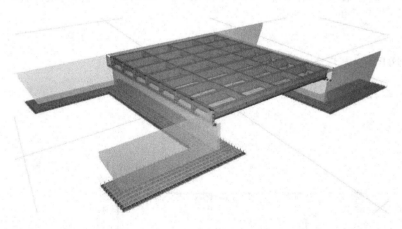

Abbildung C.3. Auszüge aus dem statischen Überprüfungsbericht.

C.3 Ausgewählte Schnittgrössen – Linear-elastisch

Die wichtigsten Schnittgrössen und Vergleiche zwischen den einzelnen FE-Softwares sind in diesem Kapitel aufgeführt. In Abaqus wurde Jeweils nur eine Laststellung modelliert.

Die Schnittgrössen wurden jeweils mit den statistischen Mittelwerten modelliert.

SM1 (Biegemoment in X-Richtung), Einheit kNm/m

Abaqus: **InfoGraph:**

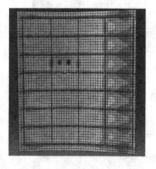 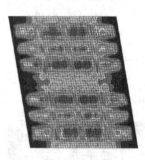

Abbildung C.4. Zusammenstellung diverser Schnittgrössen (Verlauf der Biegemomente).

Auch in anderen Softwares wurde ein Modell FE-Modell der Brücke erstellt. Die Schnittgrössen der Biegemomente in X- und Y-Richtung sind im untenstehenden Vergleich dargestellt:

Biegemomente in X-Richtung, infolge Eigengewichts in [kNm]:

CUBUS

InfoGraph (Prüfstatik)

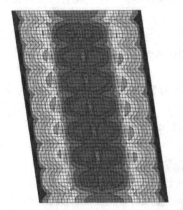

Abaqus

Axis VM6

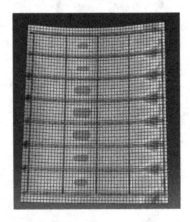

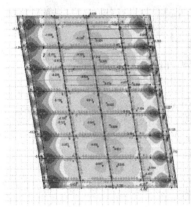

Abbildung C.5. Vergleich der Schnittgrössen SM1 (X-Richtung) von verschiedenen FE-Softwares.

So wurden die Modelle plausibilisiert, die Schnittgrössen stimmen qualitativ überein, besonders Axis und InfoGraph zeigen vom Schnittgrössenverlauf her ein fast identisches Verhalten.

Biegemomente in Y-Richtung, infolge Eigengewichts:

CUBUS   InfoGraph (Prüfstatik)

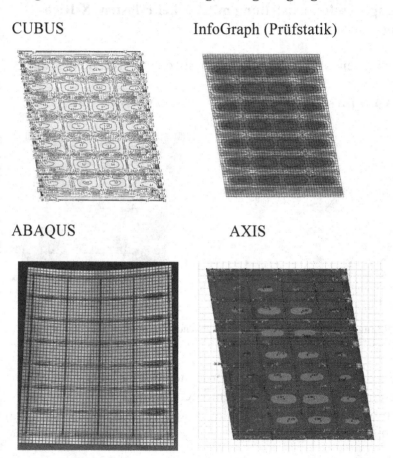

ABAQUS   AXIS

Abbildung C.6. Vergleich der Schnittgrössen SM2 (Y-Richtung) von verschiedenen FE-Softwares.

253

In Querrichtung ist die Übereinstimmung der Schnittgrössen noch genauer. Auch CUBUS zeigt in diesem Vergleich sehr gute Resultate.

Massgebende Laststellung mit Verkehrslasten, X-Richtung:

Alle Lasten wurden auf charakteristischem Niveau eingeführt.

CUBUS [kNm]   **AXIS [kNm]**

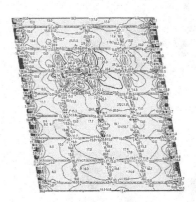 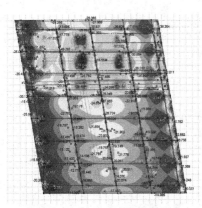

Abbildung C.7. Biegemomente der massgebenden Laststellung der X-Richtung in CUBUS und AXIS VM6.

Die Resultate stimmen in erster Linie sehr gut miteinander überein. Das maximale Biegemoment beträgt bei Axis wie auch bei Cubus ca. 53 kNm. In Abaqus beträgt dieses 50.5 kNm.

Massgebende Laststellung mit Verkehrslasten, Y-Richtung:

CUBUS [kNm]   **AXIS [kNm]**

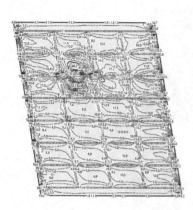 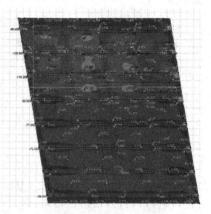

Abbildung C.8. Biegemomente der massgebenden Laststellung der Y-Richtung in CUBUS und AXIS VM6.

Auch in Y-Richtung sind die Erkenntnisse und Übereinstimmungen dieselben wie in X-Richtung.

Nicht erfüllte Nachweise:

4.2.2. **Nachweis der Längstragfähigkeit für Biegung mit Normalkraft**

Für den Nachweis der Längstragfähigkeit für Biegung mit Normalkraft wird die erforderliche Bewehrung in der Betonfahrbahnplatte mit der vorhandenen Bewehrung verglichen. Die erforderliche Bewehrung im maßgebenden Schnitt ist aus folgenden graphischen Auswertungen der FEM Berechnung der ständigen und vorrübergehenden Einwirkung zu entnehmen.

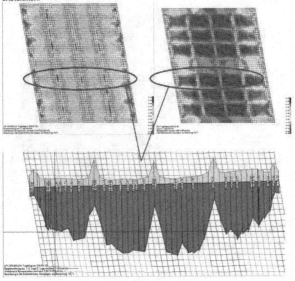

Abbildung C.9. Erforderliche Bewehrung und Biegemomente in X-Richtung aus InfoGraph [51].

Schubbewehrung Längsrichtung

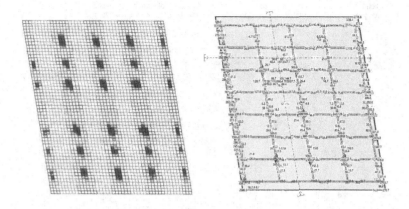

Abbildung C.10. Erforderliche Schubbewehrung in InfoGraph [51] und CUBUS.

Ein ähnliches Bild zeigt auch der Querkraftverlauf in Cubus. Auch in diesem Modell sind die Querkräfte über den Kreuzungspunkten der Stahlträger maximal.

Querrichtung:

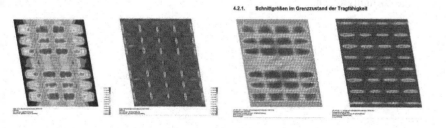

4.2.2. Nachweis der Tragfähigkeit für Biegung und Normalkraft

Für den Nachweis der Längstragfähigkeit für Biegung mit Normalkraft wird die erforderliche Bewehrung in der Betonfahrbahnplatte mit der vorhandenen Bewehrung verglichen. Die erforderliche Bewehrung im maßgebenden Schnitt ist aus folgenden graphischen Auswertungen der FEM Berechnung der ständigen und vorrübergehenden Einwirkung zu entnehmen.

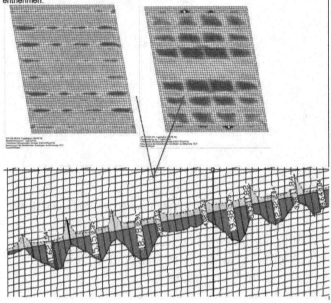

Abbildung C.11. Erforderliche Bewehrung in Plattenquerrichtung mit dazugehörigen Schnittgrössen.

Querkraftbewehrung in Querrichtung:

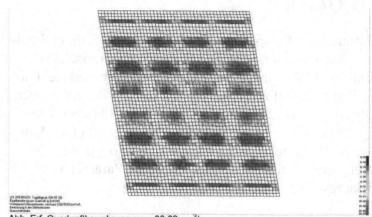

Abb. Erf. Querkraftbewehrung max. 30,83 cm²/m

Abbildung C.12. Erforderliche Schubbewehrung in Querrichtung gemäss Prüfbericht.

Anhang D Platte in Stahlbeton – UQLink

Als einführendes Beispiel wurde eine isotrope Platte in Stahlbeton in Abaqus untersucht. Die Platte ist quadratisch 10 x 10m und ist auf der linken Seite einfachgelagert und steht auf der rechten Seite auf zwei Stützen. Es soll ein Biegeversagen in Feldmitte untersucht werden. Die Platte wird neben dem Eigengewicht mit einer Auflast von 2 kN/m2 und einer Auflast von 5 kN/m2 belastet. Es könnte sich also um einen Versammlungsraum handeln. Es gibt streuende Parameter auf der Einwirkungs- und Widerstandsseite.

Geometrie: Plattendicke d=30cm, E = 30'000 N/mm2

Abbildung D.1. Geometrie, Lagerung und Belastung der Stahlbeton-Platte.

Eigengewicht: 7.5 kN/m2
Auflast: 2kN/m2
Nutzlast: 5kN/m2

SM1 (Biegemoment in X-Richtung):

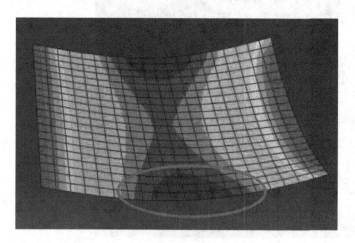

SM2 (Biegemoment in Y-Richtung):

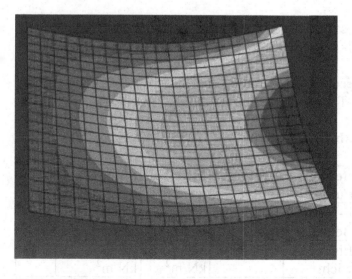

SM3 (Drillung):

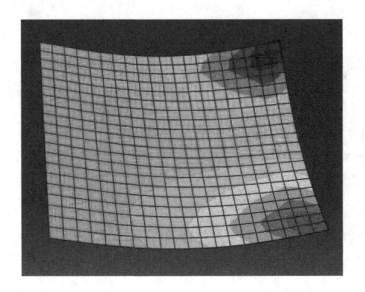

Abbildung D.2. Schnittgrössen (Biegemomente) der Stahl-Beton-Platte.

Von Interesse ist das maximale Biegemoment in X Richtung (roter Kreis)

Es werde sechs Basisvariablen definiert, welche in der untenstehenden Tabelle aufgeführt sind.

Basisvariablen

i	X_k	Bezeich-nung	Vertei-lung	Mittel-wert μ	Stan-dardabw. σ	V_x
1	E	E-Modul Beton	Log-Nor-mal	30'000 N/mm^2	4'500 N/mm^2	15%
2	EG	Eigenge-wicht	Gumbel	7.5 kN/m^2	0.375 kN/m^2	5%
3	AL	Auflast	Log-Nor-mal	2 kN/m^2	0.2 kN/m^2	10%

4	NL	Nutzlast	Log-Normal	5 kN/m²	1.5 kN/m²	30%
5	As	Bewehrungsfläche	Log-Normal	3141 mm²	95 mm²	3%
6	f_s	Fliessgrenze Stahl	Log-Normal	550 N/mm²	30 N/mm²	5%

Tabelle D.1. Zusammenstellung der Basisvariablen.

Daraus lässt sich folgende Grenzzustandsfunktion formulieren:

$$G(X) = X(5) \cdot X(6) \cdot \left(d - \frac{X(5) \cdot X(6)}{2 \cdot b \cdot f_c} \right) - \max(SM1) \geq 0 \qquad (D.1)$$

Wobei der erste Teil der Ungleichung aus dem mechanischen Modell der Plastizitätstheorie der Biegelehre stammt. Das maximale Moment in X-Richtung (SM1) wird aus Simulationen mit UQ Link gewonnen. Dabei wird wie bereits erläutert das LHS-Verfahren angewendet, wo bereits 150-200 Simulationen zu guten und für das Bauwesen zuverlässige Resultate liefern. Aus der Simulation ist ersichtlich, dass der Zuverlässigkeitsindex 3.72 beträgt und deshalb für «normale» Anforderungen für einen Betrachtungszeitraum von 50 Jahren nicht ausreichend ist.

Verfahren	Beta	P_f
MCS (LHS=200)	3.72	$1 \cdot 10^{-4}$

Tabelle D.2. Resultate der MCS aus UQLink.

Plots Matlab:

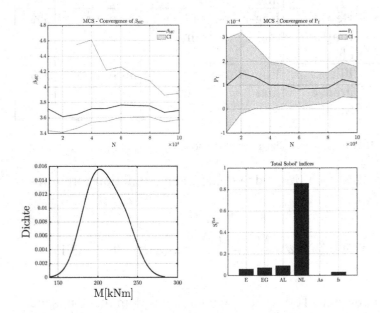

Abbildung D.3. Resultate der probabilistischen Bemessung aus UQLink.

D.1 Matlab Codes

UQLink:

```
%% Stahlbeton Platte
% UQLink - Abaqus, Platte d=0.3m, isotrop
%% 1 - UQLAB
%
clearvars
rng(1,'twister')
uqlab

%% 2 - COMPUTATIONAL MODEL WITH UQLINK (WRAPPER OF
ABAQUS)
%
% The UQLink object is a wrapper of Abaqus.
%Template file siehe Ordner, dat-file wurde mit
History-Output
%bereitgestellt

%%
% Model type:
ModelOpts.Type = 'UQLink';
ModelOpts.Name = 'Slab';

%%

ModelOpts.Command = 'abaqus job=Slab cpus=3 inter-
active';


%%
% Provide the template file, i.e., a copy of the
original input files
% where the inputs of interest are replaced by
markers:
ModelOpts.Template = 'Slab.inp.tpl';
```

```
%%
% Provide the MATLAB file that is used to retrieve
the quantity of interest
% from the code output file:
ModelOpts.Output.FileName = 'Slab.dat';
ModelOpts.Output.Parser = 'readOutput';

%%
% Provide additional non-mandatory options -
% Execution path (where Abaqus will be run):
ModelOpts.ExecutionPath = 'C:\Us-
ers\Timi\OneDrive\Studium Bauingenieur\02-MSE_Mas-
terstudiengang_21-22\VM3_Master-Thesis\04.1-UQLink-
Platte-RC';
%%
% Specify the format of the variables written in
the Abaqus input file:
ModelOpts.Format = {'%1.0f'};

%%
% Create the UQLink wrapper:
myUQLinkModel = uq_createModel(ModelOpts);

%% 3 - PROBABILISTIC INPUT MODEL
%
% Definierte Basisvariabeln
%
InputOpts.Marginals(1).Name = 'E';    % E-Modul Beton
kN/m2
InputOpts.Marginals(1).Type = 'Lognormal';
InputOpts.Marginals(1).Moments = [30000000
4500000];

InputOpts.Marginals(2).Name = 'EG';    % Eigengewicht
kN/m2
InputOpts.Marginals(2).Type = 'Lognormal';
InputOpts.Marginals(2).Moments = [7.5 0.375];

InputOpts.Marginals(3).Name = 'AL';    %Auflast in
kN/m2
```

```matlab
InputOpts.Marginals(3).Type = 'Gumbel';
InputOpts.Marginals(3).Moments = [2 0.2];

InputOpts.Marginals(4).Name = 'NL';  % Einzellast
horizontal in kN
InputOpts.Marginals(4).Type = 'Gumbel';
InputOpts.Marginals(4).Moments = [5 1.5];

InputOpts.Marginals(5).Name = 'As';  % As in mm2
InputOpts.Marginals(5).Type = 'Lognormal';
InputOpts.Marginals(5).Moments = [3141 95];

InputOpts.Marginals(6).Name = 'fs';  % fs in N/mm2
InputOpts.Marginals(6).Type = 'Lognormal';
InputOpts.Marginals(6).Moments = [550 30];


% Create the INPUT object
myInput = uq_createInput(InputOpts);

%% 4 - VARIOUS APPLICATIONS

%% 4.1 Estimation of the response PDF using Monte
Carlo simulation
%
% Generate an experimental design (ED) of size
$200$
% using Latin Hypercube Sampling:
X = uq_getSample(200,'LHS');

%%
% Evaluate the Abaqus model (truss tip deflection)
at the ED points:
Y = uq_evalModel(myUQLinkModel,X);
%%
% Plot a kernel-smoothing density of the tip de-
flection:
[f,xi] = ksdensity(Y);
uq_figure('Position', [50 50 500 400])
```

```
uq_plot(xi,f)
uq_setInterpreters(gca)
xlabel('$\mathrm{M [kNm]}$', 'FontSize', 24)
ylabel('Dichte', 'FontSize', 24)
hold on

%% 4.2 Polynomial chaos expansion (PCE)
% Select the PCE surrogate model:
metaopts.Type = 'metamodel';
metaopts.MetaType = 'PCE';

%%
% Select the PCE options and create the PCE model:
metaopts.Degree = 1:3 ;
metaopts.ExpDesign.X = X;
metaopts.ExpDesign.Y = Y;
myPCE = uq_createModel(metaopts);

%% 4.3 Use the PCE model for sensitivity analysis
%
PCESobol.Type = 'Sensitivity';
PCESobol.Method = 'Sobol';
PCESobol.Sobol.Order = 2;

PCESobolAnalysis = uq_createAnalysis(PCESobol);

%%
% Display results of Sobol analysis
uq_display(PCESobolAnalysis)

%% 4.4 Reliability analysis
% Perform a reliability analysis using Monte Carlo
simulation:
MCSopt.Type = 'Reliability';
MCSopt.Method = 'MCS';

%%
% Define the limit-state surface:
```

```
MCSopt.LimitState = X(:,5).*X(:,6).*(260-
X(:,5).*X(:,6)./(2000*20))/1000 - Y;   % unit: kNm

%%
% Run the analysis and display the results:
myMCS = uq_createAnalysis(MCSopt);
uq_display(myMCS)
```

Parser:

```
function Y = readOutput(outputfilename)

% Keyword that identify the requested output
keyword = '    ELEMENT  PT FOOT-      SM2
SM1        ';
found = [] ;
% OPen the output file
f = fopen(outputfilename) ;

while isempty(found)
    str = fgetl(f) ;
    found = strfind(str,keyword) ;
end
 % Read the next 2 lines
for ii = 1:21
dummy = fgetl(f);
end
% Read the line corresponding to the Node 2 dis-
placement
myLine = fgetl(f) ;
% Split the line
MySplittedLine = strsplit(myLine) ;
% Get the output which corrsponds to the fourth el-
ement of the line
Y = -str2num(MySplittedLine{5}) ;
%Close the file for further processing in Matlab
fclose(f);
end
```

Reuse of Surrogate Modell for Reliability Analysis

Um einen Output aus einem Finite-Element Programm mit einem streuenden Schwellenwert zu vergleichen, ist die Erstellung eines separaten M-Files notwendig, wo die Grenzzustandsfunktion definiert wird.
Der unten ersichtliche Code zeigt die Funktion dieses M-Files auf. In einem ersten Schritt werden die Basisvariablen vom Surrogate-Model extrahiert, welche im Abaqus-Template definiert wurden.
Dann werden zusätzliche Parameter hinzugefügt, welche im Haupt-File bereits mit Mittelwert und Standardabweichung definiert wurden. Dann wird das Surrogate Modell (Die Modellantwort der Abaqus-Auswertung in diesem Fall) definiert. Schliesslich wird die Grenzzustandsfunktion definiert. In diesem Fall ist es eine klassische R – S – Formulierung, wo der streuende Biegewiderstand mit dem streuendem Biegemoment aus den Simulationen aus Abaqus verglichen wird:

$$Y = M_{rd} - M_{ed} = A_s \cdot f_{sd} \cdot d_v - M(Abaqus) \qquad \text{(D.2)}$$

Daraus sind verschiedene Zuverlässigkeitsmethoden möglich wie:

- MCS
- FORM
- AK-MCS
- Importance Sampling

Ausserdem sind Sensitivitätsanalysen möglich. Ein Beispielcode ist unten aufgeführt:

```
function Y = uq_limit_state_involving_surro-
gate(X,P)
% Y = uq_limit_state_involving_surrogate(X,P)
%
%        Computes a limit state function of the
form: Y = R - SurrModel(Xinput)
%          where R is a random variable and Sur-
rModel(X) evaluates a
%          pre-constructed surrogate model depend-
ing on variables Xinput%
%       INPUT:
%                 X:  the sample matrix with N
lines and (M+1) columns
%                 The M first columns corre-
spond to the input
%                 parameters of the surrogate
model.
%                 The last column are the real-
isation of the variable R
%       OUTPUT:
%                 P:  the MODEL name of the surro-
gate model
%
% Extract first six-parameter sample (inputs of the
surrogate model)
M = 6;            % in the truss application exam-
ple
Xtruss = X(:,1:M);

% Extract the additional parameter Bending Re-
sistance kNm/m
R = X(:,7).*X(:,8).*204*0.9/10^6;

% P allows to pass the name of the surrogate model
myPCE = P;

% The limit state function is defined as R - Sur-
rModel(Xinput)
Y = R - abs(uq_evalModel(myPCE,Xtruss));
end
```

Anhang E Brücke schief gelagert

Im folgenden Beispiel wird die schiefgelagerte Brücke, welche bereits im VM1 mit einer analytischen Grenzzustandsfunktion untersucht wurde, in Abaqus betrachtet. So soll eine Traglastanalyse und darauf eine probabilistische Bemessung des Schubwiderstandes erfolgen. Das Abaqus-Modell und der Verlauf der Biegemomente ist in der untenstehenden Abbildung dargestellt.

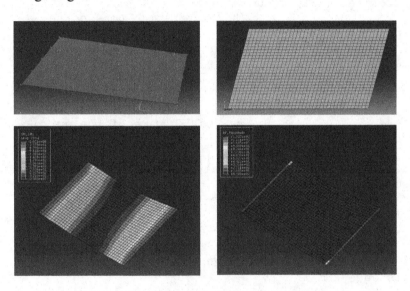

Abbildung E.1. Geometrie, Belastung und Biegemomente der Brückenplatte.

Das maximale Biegemoment beträgt **350 kNm**

Abschätzung mit Streifenmethode (95% verläuft in X-Richtung):

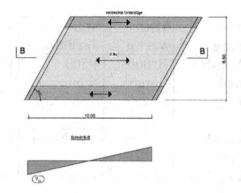

Abbildung E.2. Abschätzung mit Streifenmethode.

$$M_k = \frac{0.95 \cdot (g_k + a_k + q_k) \cdot l^2}{8} = \frac{0.95 \cdot (11.25 + 3 + 15) \cdot 10^2}{8} = 346 kNm$$
(E.1)

Nachweis Querkraft:

Maximale Auflagerreaktion: 132 kN
Abschätzung:

$$V_k = \frac{0.95 \cdot (g_k + a_k + q_k) \cdot l}{2} = \frac{0.95 \cdot (11.25 + 3 + 15) \cdot 10}{2} = 139 kNm \text{ (E.2)}$$

Resultate des Schubwiderstandes aus VM1: Beta = 3.8
Betrachtung mit UQLink:

Basisvariablen

i	X_k	Bezeichnung	Verteilung	Mittelwert μ	Standardabw. σ	V_x
1	E	E-Modul Beton	Log-Normal	30'000 N/mm²	4'500 N/mm²	15%
2	EG	Eigengewicht	Gumbel	11.25 kN/m²	0.56 kN/m²	5%
3	AL	Auflast	Log-Normal	3 kN/m²	0.45 kN/m²	15%
4	NL	Nutzlast	Log-Normal	15 kN/m²	4.5 kN/m²	30%
5	As	Bewehrungsfläche	Log-Normal	78 mm²	3.9 mm²	5%
6	f_s	Fliessgrenze Stahl	Log-Normal	500 N/mm²	30 N/mm²	5%

Tabelle E.1. Zusammenstellung der Basisvariablen.

Grenzzustand der Schubtragfähigkeit:

Verfahren	Beta	P_f
AK-MCS (LHS=200)	3.81	7.0e-5

Tabelle E.2. Resultate aus der MCS mit UQLink.

Traglast

Abbildung E.3. Fliessen der Bewehrung (l.) und Verlauf der Risse im Stahlbeton (r.).

Traglast Abaqus:
60 kN/m2

Traglast Handrechnung (Siehe VMII [44]):
58 kN/m2

Anhang F   Einfacher Balken in Baustahl

Als ein anschauliches Beispiel zur Veranschaulichung der probabilistischen Bemessung mit Abaqus und UQLab wird ein einfacher Balken unter Einzel- und Gleichlast betrachtet. Das Beispiel wurde im VMI bereits analytisch untersucht. Nun soll das Abaqus-Modell mit UQLink verknüpft werden und die Resultate mit den Zuverlässigkeitsanalysen der analytischen Grenzzustandsfunktion verglichen werden. Das statische System und das verwendete Stahlprofil sind in der untenstehenden Abbildung dargestellt.

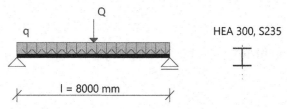

Abbildung F.1. Statisches System und Geometrie.

In diesem Fall ist die analytische Grenzzustandsfunktion einfach aufzustellen. Es handelt sich um den Fall «Biegeversagen», wo der Biegewiderstand mit dem einwirkenden Biegemoment in Feldmitte verglichen wird:

$$G(f_y,q,l)=w_{pl}\cdot f_y-\frac{q\cdot l^2}{8}-\frac{Q\cdot l}{4} \qquad (F.1)$$

Das statische Modell wurde in Abaqus modelliert. Auf der untenstehenden Abbildung sind Geometrie, Lasten und die

grafische Darstellung der Biegemomente aufgeführt. Die Auswertung desGrenzzustands ist am Ende dieses Kapitels aufgeführt.

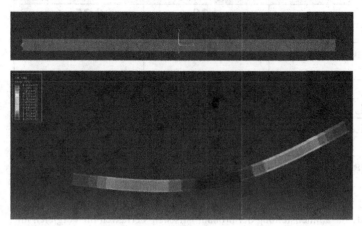

Abbildung F.2. Abaqus-Modell mit Lagerungsbedingungen und Lasten (o.) und
Verlauf der Biegemomente (u.).

In einem weiteren Schritt wurden die gleichen Basisvariablen
wie im VMI definiert und diese in UQLab implementiert. Es
wurden mit dem LHS-Verfahren mehrere Modellsimulationen
mit UQLink durchgeführt und ein Surrogate-Model erstellt.
Damit wurden dann wieder verschiedene Zuverlässigkeitsanalysen durchgeführt. Der Vergleich aus den Resultaten der analytischen Grenzzustandsfunktion und des Abaqus-Modells ist
in der nachfolgenden Tabelle aufgeführt. Die Unterschiede
sind marginal.

Verfahren	Beta	P_f
Analytisch		
FORM	4.28	9.35e-6
MCS	4.29	9.00e-6
Importance Sampling	4.25	1.11e-5
UQ-Link - Abaqus		
MCS (LHS=200)	4.28	1e-5
AK-MCS	4.27	1e-5
FORM	4.35	6.85e-6
Importance Sampling	4.32	7.53e-6

Tabelle F.1. Zusammenstellung der probabilistischen Verfahren im Vergleich mit den analytischen Resultaten.

Daraus können wiederum die Sensitivitätsfaktoren und angepasste Teilsicherheitsbeiwerte ermittelt werden:

	Mittelwerte X_d	Sensitivität α^2	Sicherheitsfaktoren γ (UQLink)	Sicherheitsfaktoren γ (analytisch)
f_y	241 N/mm^2	0.089	0.98	0.975
Q	120 kN	0.89	2.4	2.36
q	8.26 kN/m	0.008	1.033	1.038
w	1260e3 mm3	0.01	0.99	1.00

Tabelle F.2. Resultate aus der FORM-Analyse des Surrogate Models.

Die Modellauswertungen können grafisch zusammenfassend dargestellt werden:

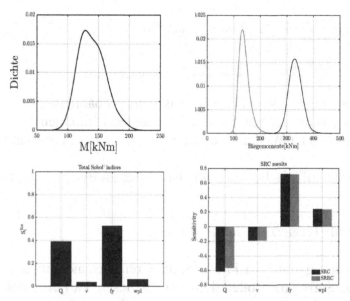

Abbildung F.3. Zusammenstellung der Resultate der probabilistischen Bemessung.

Da nun angepasste Teilsicherheitsbeiwerte aus der FORM-Analyse vorliegen, kann wieder auf das semi-probabilistische Nachweiskonzept geschlossen werden:

$$R = 1'260 \cdot 10^3 \, mm^3 \cdot 241N \, / \, mm^2 = 303.7kNm \, ,$$

$$E = \frac{8.26kN \, / \, m \cdot 8^2 \, m}{8} + \frac{120kN \cdot 8m}{4} = 306kN$$

Womit der Nachweis für diesen Zuverlässigkeitsindex knapp nicht erfüllt ist ($R \leq E$). Der Deterministische Nachweis ist allerdings erfüllt: $R \geq E$

$$R = 1'260 \cdot 10^3 \, mm^3 \cdot 224 N \, / \, mm^2 = 282 kNm \,,$$

$$E = \frac{1.35 \cdot 8 kN \, / \, m \cdot 8^2 \, m}{8} + \frac{50 \cdot 1.5 kN \cdot 8m}{4} = 236 kN$$

Dieses Beispiel zeigt auf, dass das semi-probabilistische Nachweiskonzept besonders bei Extremeinwirkungen (Gumbel- oder Weibull-Verteilungen) nicht nur konservativ ist!
Der probabilistische Nachweis ist in diesem Beispiel nicht erfüllt.

Code für Grenzzustandsfunktion

In einem separaten M-File wird die Grenzzustandsfunktion für das Surrogate Modell definiert. In diesem Fall bedeutet «R» der Biegewiderstand, dieser wird mit dem absoluten Wert der Modellauswertung (Maximales Biegemoment in Feldmitte) verglichen.

```
function Y = uq_limit_state_involving_surrogate(X,P)

M = 2;                % in the truss application example
Xtruss = X(:,1:M);

% Extract the additional parameter, Bending Resistance kNm/m
R = X(:,3).*X(:,4)/10^6;

% P allows to pass the name of the surrogate model
myPCE = P;

% The limit state function is defined as R - SurrModel(Xinput)
Y = R - abs(uq_evalModel(myPCE,Xtruss));
end
```

Code für Kernel-Density Smoothing

```
% Plot a kernel-smoothing density
[p,x] = ksdensity(Tr);
uq_figure;
uq_plot(x,p)
ks = [p,x];
xlabel('Gesamtgewicht[kN]')
```

Verkehrseinzellasten nach ASTRA

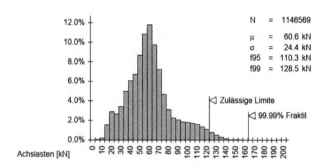

Abbildung F.4. Verkehrseinzellasten nach Simulationen vom ASTRA [37].

Printed in the United States
by Baker & Taylor Publisher Services